Hans Gekeler

Die kleine Farbenlehre

Wer wird vor allen hochgeschätzt?
Der Farbenkünstler! Und mit Grund!
Er macht uns diese Welt so bunt.

aus: Wilhelm Busch, ›Maler Klecksel‹

Hans Gekeler

Die kleine Farbenlehre

Bechtermünz Verlag

Hans Gekeler, geboren 1930 in Ulm, studierte an der Staatlichen Akademie der Bildenden Künste Stuttgart. Er lehrt an der Fachhochschule Darmstadt Grafik-Design und war mehrfach als Gastprofessor in den USA. Freiberuflich betätigt sich der Autor als Grafik-Designer und Maler.

Genehmigte Lizenzausgabe für
Bechtermünz Verlag im
Weltbild Verlag GmbH, Augsburg 1997

Umschlaggestaltung: Schlotterer & Partner, München
Gesamtherstellung: Druckerei Appl, Wemding
Printed in Germany
ISBN 3-86047-258-5

Inhalt

Der Mensch und die Farbe

Farben sind nur Sinneseindrücke

Die menschlichen Sinne haben alle eine Funktion; unseren Vorfahren dienten sie im Zeitalter der Jäger und Sammler dazu, sich in der Natur zu behaupten. Nur der Farbensinn hat im Kampf ums Überleben keine Funktion. Im Vergleich zur Tierwelt zeigt sich auch, daß viele, selbst höher entwickelte Tiere nicht oder nicht in demselben Umfang wie der Mensch über die Möglichkeit des Farbensehens verfügen.

Tatsächlich ist das menschliche Auge in weit größerem Umfang auf Schwarz-Weiß-Impulse ausgerichtet, die dann auch bei schwachem Licht das Sehen total übernehmen. Daß wir uns mit unbunten Sehimpulsen orientieren können, wird beim Betrachten von Schwarzweißfilmen ausgenutzt.

Aber ohne Farbe wäre die Welt nicht so schön. Die Wirkungen der Farbe sind daher eher im ästhetischen und emotionalen Bereich zu suchen. Wir sehen gerne Blumen und Schmetterlinge, freuen uns auf die Frühjahrsmode, gehen in Ausstellungen und richten unsere Wohnungen nach unserem Geschmack ein. Wir freuen uns über Farben. Daß Farben ein rein menschliches Erlebnis sind, läßt sich aus dem Vorgang des Farbensehens heraus begründen. Die elektromagnetischen Wellen bestimmter Frequenzen, die das Spektrum bilden, sind zunächst nur eine Voraussetzung für das Farbensehen. Erst im Auge und damit verbunden im Gehirn werden daraus Farbeindrücke.

Die gegenständliche Welt existiert auch ohne den Menschen, bekommt aber nur dadurch Farbe, daß ein Mensch sie betrachtet. Dabei ist der Vorgang des Farbensehens nicht rein physikalisch zu erklären, sondern abhängig von den jeweiligen Bedingungen. Man kann also sagen, daß Farbe ein Ergebnis des Zusammenspiels von physikalischen Voraussetzungen und von menschlichen Vorgängen ist.

Licht und Farben

Der physikalische Anteil (ohne Formeln und Zahlen)

Der schwarze Weltraum

Tageslicht geht von der Sonne aus. Es sind elektromagnetische Wellen, die ununterbrochen in alle Richtungen des Weltraums ausgestrahlt werden. Mit Licht werden nur diejenigen Frequenzen bezeichnet, für die das Auge empfänglich ist. Tatsächlich kommen von der Sonne weit mehr Strahlen zu uns, von denen die dem Licht benachbarten Frequenzen im ultravioletten und infraroten Bereich am bekanntesten sind. Diese werden vom Auge nicht mehr wahrgenommen, wirken sich jedoch in anderer Weise – z. B. auf unsere Haut – aus.

Daß der Weltraum zunächst völlig schwarz ist, mag überraschen. Davon berichten Kosmonauten, die sich frei im Weltraum bewegten und von der sie umgebenden tiefen Schwärze beeindruckt waren. Erst beim Auftreffen der Lichtstrahlen auf Gegenstände (dazu sind auch die Partikel in der Erdatmosphäre zu rechnen) entsteht Helligkeit. Das neutrale Tageslicht wird als weiß bezeichnet (eine populäre Bezeichnung für neutrale Helligkeit). Und aus diesem weißen Licht entstehen alle bunten Farben.

Newton und das Spektrum

Weiß
= bunt
= weiß

Isaac Newton (1643–1727) war der erste, der Sonnenlicht durch ein Glasprisma in ein farbiges Band zerlegte (und die Spektralfarben auch wieder zu weißem Licht zusammenführte). Das dabei entstehende Spektralband ist beliebig oft herstellbar und entspricht dem Regenbogen. Newton zog als Wissenschaftler daraus den Schluß, daß alle Spektralfarben durch das Zusammenwirken von Primärfarben (er ging von sieben aus) entstehen und stellte auch die Emissionstheorie des Lichts auf.

Rot, Grün und Blau sind die Primärfarben des Lichts. Sie lassen sich nicht durch Mischen aus anderen Farben erzielen. Aus ihnen können alle anderen Farben gemischt werden.

Werden Lichtfarben zusammengebracht, entsteht eine additive Farbenmischung.

Die drei Farben

Drei definierte Farben

Sowohl das Spektralband als auch das Sonnenlicht sind aus drei Farben aufgebaut, den drei Primärfarben des Lichts: Rot, Grün und Blau (aus der Vielfalt von ähnlichen Farben sind es drei definierte Farben, denen die Bezeichnung ›Primärfarben‹ zukommt).

Es sind interessanterweise dieselben Farben, auf denen das Farbensehen im menschlichen Auge basiert.

Alle übrigen Farben ergeben sich aus unterschiedlichen Anteilen dieser Primärfarben. Da sind zunächst die Mischungen aus jeweils zwei Primärfarben: aus Rot und Grün entsteht der Gelbbereich, aus Grün und Blau der Cyanbereich und aus Blau und Rot der Magentabereich. Kommen alle drei Primärfarben in vollen Anteilen zusammen, sprechen wir von weißem Licht. Das Mischen und Trennen der drei Primärfarben des Lichts läßt sich in beliebiger Reihenfolge und beliebig oft darstellen.

Lichtfarben addieren sich

Aus Farben entsteht Weiß. Aus Weiß entstehen Farben.

Treffen zwei Lichtfarben zusammen, so ist das Ergebnis heller als die einzelnen Anteile. Die Intensitäten addieren sich, man spricht von der additiven Farbenmischung (der Lichtfarben). Das Prinzip der additiven Mischung von Lichtfarben läßt sich durch Farbprojektionen leicht demonstrieren.

Es ist zwar nicht auf Anhieb plausibel, aber trotzdem richtig, daß beim Zusammentreffen der drei bunten Primärfarben das neutrale ›weiße‹ Licht entsteht. Ebenso kann man Weiß in bunte Farben trennen.

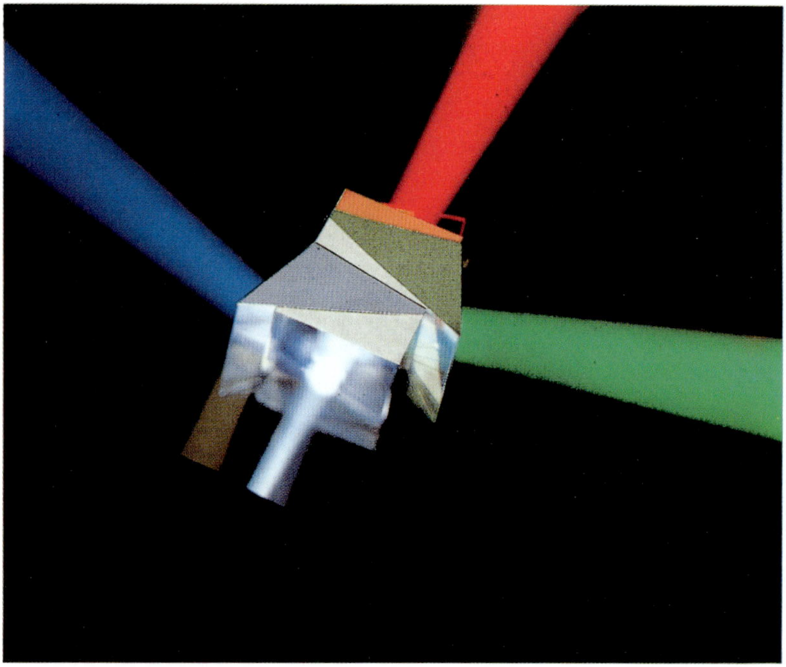

Dieses Foto zeigt die Zerlegung von Licht in die drei Primärfarben Rot, Grün und Blau.

Spektralband

Durch Überlagerungen der drei Primärfarben entsteht das Spektralband mit 160 Farben.

Rotes und grünes Licht = Gelb

Rotes und blaues Licht = Magenta

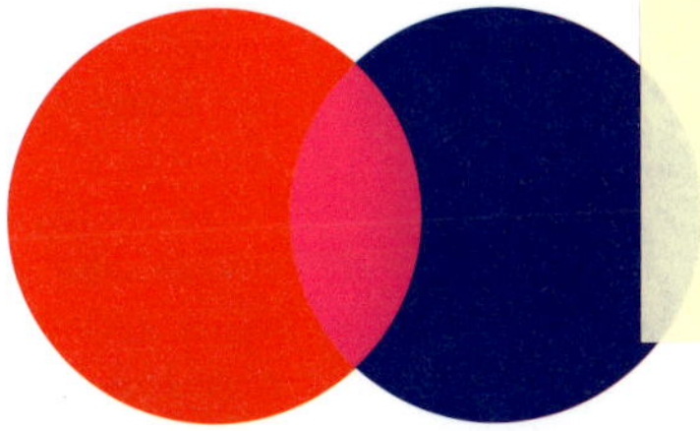

Grünes und blaues Licht = Cyan

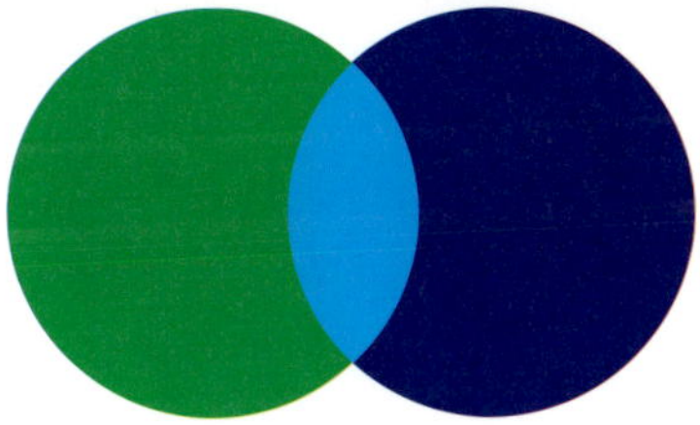

Rotes und grünes und blaues Licht = Weiß

Farbige Gegenstände

Rote und grüne Billardkugeln

Auch Körperfarben sind Erscheinungen des Lichts

Was bewirkt, daß zwei sonst gleiche Kugeln bei gleichem Licht unterschiedliche Farben haben können? Es kann sich dabei nur um eine Eigenschaft der Oberfläche handeln.

Auch dieser Vorgang ist mit den drei Primärfarben des weißen Lichts zu erklären. Das Sonnenlicht nimmt hier den Umweg über Gegenstände, die wir anschauen (oder umgekehrt ausgedrückt: wir schauen auf Gegenstände, die im Sonnenlicht liegen). Abgesehen von meist geringen atmosphärischen Einflüssen treffen die drei Primärfarben Rot, Grün und Blau des weißen Sonnenlichts auf die beiden Kugeln. Offensichtlich werden die Primärfarben nicht in der gleichen Weise zurückgestrahlt: von der roten Kugel gehen nur die Rotanteile, von der grünen nur die Grünanteile des weißen Lichts zurück, während die jeweils anderen verschluckt werden. Durch diese unterschiedlichen Eigenschaften der Oberflächen von Gegenständen erscheint unsere Umwelt farbig.

Oberflächen und Pigmente

Farbige Zwischenstationen

Was für das Beispiel der Billardkugeln gilt, ist auf alle Gegenstände anwendbar. Ausschlaggebend für die Farbe eines Gegenstands ist die Oberfläche (dasselbe Prinzip gilt auch für transparente Gegenstände). Ein Gegenstand kann das gesamte weiße Licht zurückstrahlen, dann sehen wir ihn weiß. Verschluckt er alles, erscheint er schwarz. Und alle bunten Farben ergeben sich aus den unterschiedlichen Anteilen der drei Primärfarben des Lichts, die zurückgestrahlt werden und dann zum Auge gelangen.

Die Eigenschaft, bestimmte Anteile des auftreffenden Lichts zurückzuhalten und andere zurückzustrahlen, geht von Pigmenten aus, die in der Oberfläche eines Gegenstandes enthalten sind. Pigmente bestimmen auch den Farbton von Malfarben.

Dasselbe gilt für Farbstoffe in Flüssigkeiten.

Körperfarben und subtraktive Farbenmischung

Farben zum Anfassen

Gegenstände können also, wenn sie dem Licht ausgesetzt sind, farbig erscheinen. Im Gegensatz zu Lichtfarben, die nur als Energie auftreten, bezeichnet man die farbige Erscheinung von Oberflächen als Körperfarben (zur einfacheren Unterscheidung dient die Eselsbrücke, daß man Körperfarben anfassen kann). Dazu gehören auch alle Malfarben.

Da alle Körperfarben außer Weiß dem auftreffenden Licht Anteile entziehen, sind sie in jedem Fall dunkler. Beim Mischen von Körperfarben ist demnach die Mischfarbe immer dunkler als jede der einzelnen Ausgangsfarben. Die Helligkeit wird subtrahiert, man bezeichnet das Mischen von Körperfarben als subtraktive Farbenmischung.

Auch transparente Farbfolien und flüssige Farben mischen sich nach den Gesetzen der subtraktiven Farbenmischung.

> Körperfarben sind eine Zwischenstation von Lichtfarben. Gegenstände erscheinen durch unterschiedliche Beschaffenheit ihrer Oberfläche in verschiedenen Farben.

Lichtfarben – Körperfarben – Auge

Blau + Grün + Rot
= Weiß

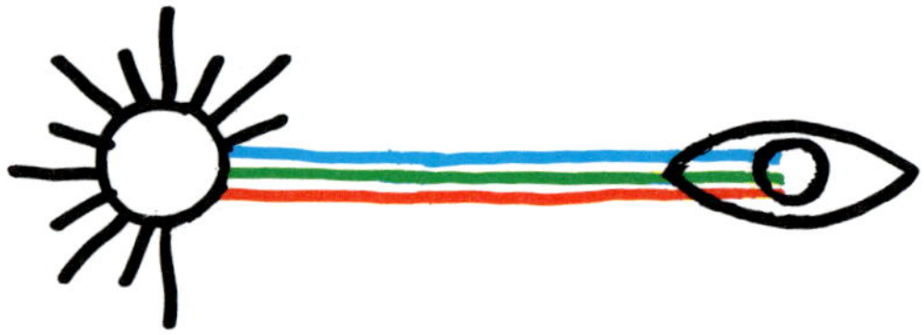

Rot

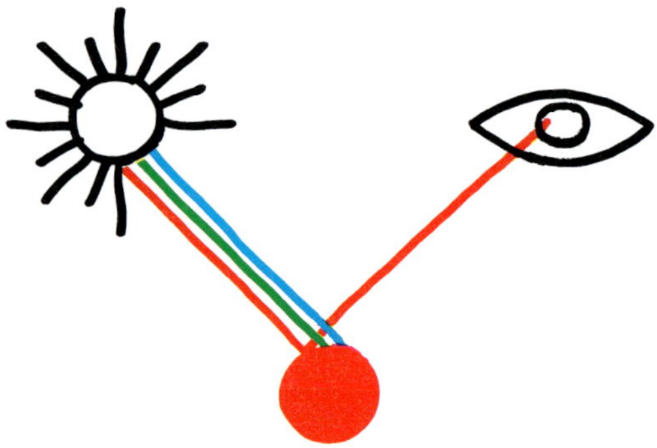

Grün + Rot = Gelb

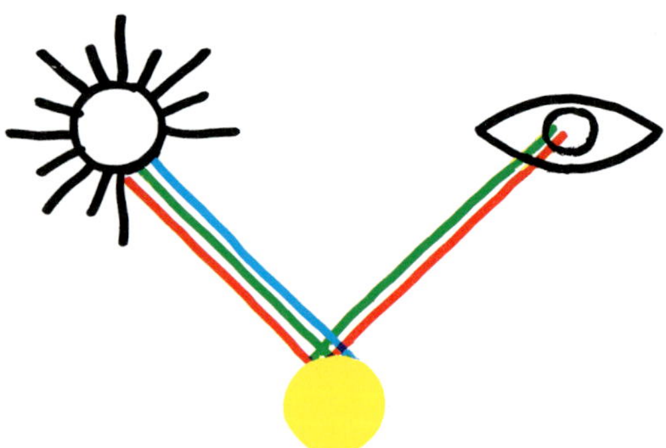

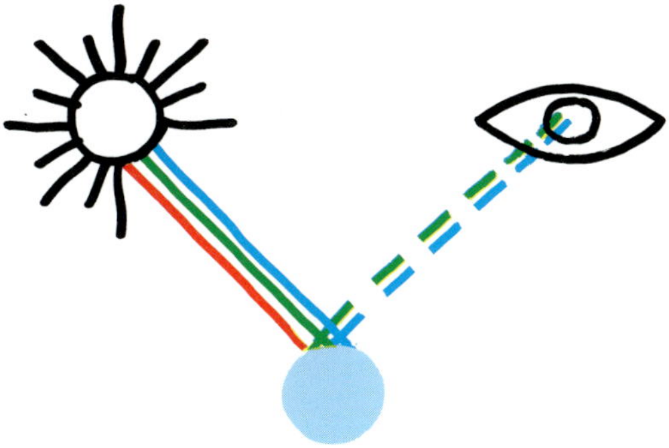

Blau + Grün
(verminder)
= Himmelblau

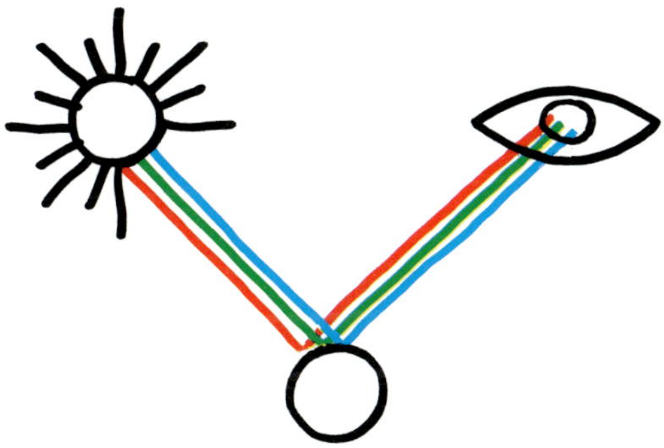

Rot + Grün
+ Blau = Weiß

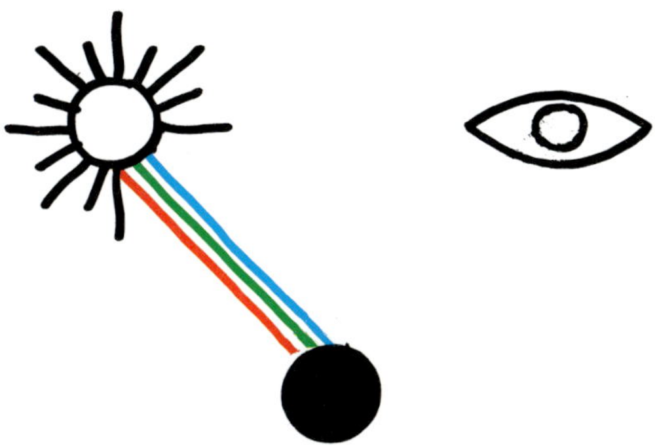

Schwarz

Auch Körperfarben haben Primärfarben

Grün – eine Mischfarbe!

Jedes Kind freut sich, wenn beim Mischen von zwei Farben eine ganz neue Farbe entsteht. Bei weiteren Erprobungen stellt sich heraus, daß man die ganze Farbenvielfalt mit nur wenigen Farben mischen kann.

Lediglich drei Farben lassen sich nicht durch Mischen erzielen. Es sind dies die Primärfarben (der Körperfarben) Gelb, Magenta und Cyan. Aber umgekehrt lassen sich aus ihnen – entsprechend den Primärfarben der Lichtfarben – alle übrigen Farben mischen.

Theorie und Praxis

Das schwierige Orange und Türkis

Das Prinzip, mit den drei Primärfarben tatsächlich alle weiteren Farben zu erreichen, wird bei der Farbenfotografie und beim Farbendruck eingesetzt. Aus technologischen Gründen haben jedoch besonders die Mischungen im Orange- und Türkisbereich nicht die gleiche Reinheit wie entsprechende Originalpigmente.

Will man bestimmte Farben durch Mischen erzielen, wird man in den meisten Fällen nicht von den Primärfarben ausgehen.

Aus je zwei Primärfarben entstehen Sekundärfarben

Nochmals RGB

Werden zwei Primärfarben zusammengebracht, so entstehen Sekundärfarben. Als mittlere Mischungen ergeben sich die Farben Rot, Blau und Grün. Es sind dies gleichzeitig die drei Primärfarben der Lichtfarben, von denen auch die Bezeichnungen übernommen wurden. Alle Sekundärfarben entstehen durch unterschiedliche Anteile von je zwei Primärfarben und behalten dadurch die volle Buntkraft. Erst durch das Zusammentreffen aller drei Primärfarben entstehen als Mischungen Tertiärfarben.

Sekundärfarben sind Mischfarben mit voller Buntkraft.

3 × Rot Grün Blau

Im Vergleich der Mischgesetze für Lichtfarben und Körperfarben, die gegensätzlich aufgebaut sind, ergeben sich interessante Zusammenhänge.

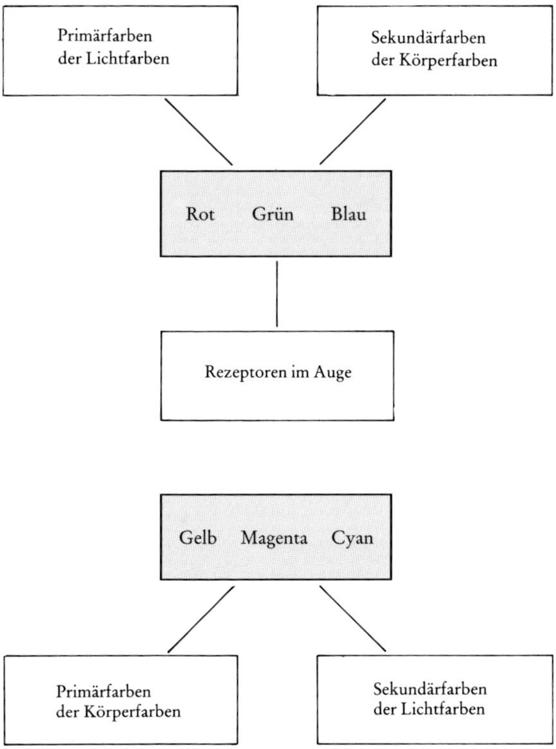

Primärfarben und Sekundärfarben der Körperfarben

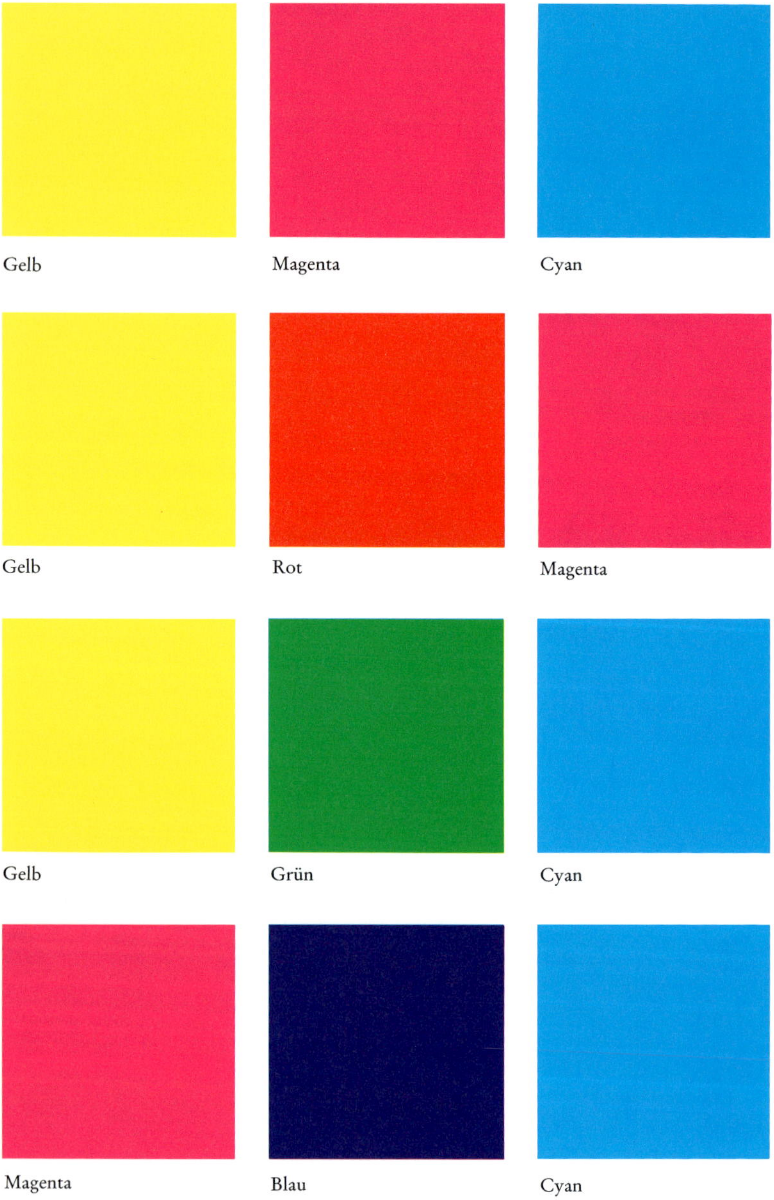

Farben im Kreis

Eine Idee des 17. Jahrhunderts

Es ist naheliegend, die Primärfarben und die dazwischenliegenden Sekundärfarben der Körperfarben im Kreis anzuordnen und dadurch ein in sich geschlossenes System zu bilden. Die Anzahl der Zwischenfarben ist beliebig, so daß Farbenkreise mit sechs und mit 96 Farben bekannt sind. Sinnvoll ist auch ein Farbenkreis mit kontinuierlichen Übergängen, entsprechend dem Spektralband der Lichtfarben.

Wie gleich sind die Abstände?

Mit oder ohne Sprünge

Beim geometrisch eingeteilten Farbenkreis zeigt sich, daß die Primärfarben beim Mischen nicht die gleiche Intensität mitbringen. Magenta wirkt sich am stärksten, Gelb am wenigsten aus. Das hat zur Folge, daß im Gelbbereich die Sprünge größer sind als im Blaubereich. Der relativ unbedeutende Vorteil dagegen ist die exakte Gegenüberstellung der Komplementärfarben.

Sinnvoller ist es, eine empfindungsgemäße Gleichabständigkeit zu erreichen, was ohnedies dem Prinzip des Farbenmischens entspricht.

Im Zusammenhang zwischen Buntkraft und Hintergrund sind weitere Beobachtungen wichtig. Es trifft nämlich nicht zu, daß die reine, gesättigte Farbe in jedem Fall die intensivste ist. Gerade im Blau-Violett-Bereich steigern Aufhellungen die Farbkraft. Diese hängt jedoch wieder mit der Helligkeit des Hintergrunds zusammen, die für den gesamten Farbenkreis fast immer gleich ist.

Aber keine Tertiärfarben

Höchstens zwei Primärfarben

Allen Farbenkreisen und damit allen Farbenordnungen, die auf dem Farbenkreis aufgebaut sind, ist gemeinsam, daß nie alle drei Primärfarben zusammentreffen. Sie umfassen also nur einen Teil der möglichen Mischungen. Farbenkreise dienen hauptsächlich zur Demonstration der Zusammenhänge von Primär- und Sekundärfarben der Körperfarben. Für den Praktiker gibt es ausführlichere und aufschlußreichere Tabellen als Vorlagen.

Bestimmungsfaktoren für Farbenkreise: Gleichabständigkeit, Sättigung und Hintergrund.

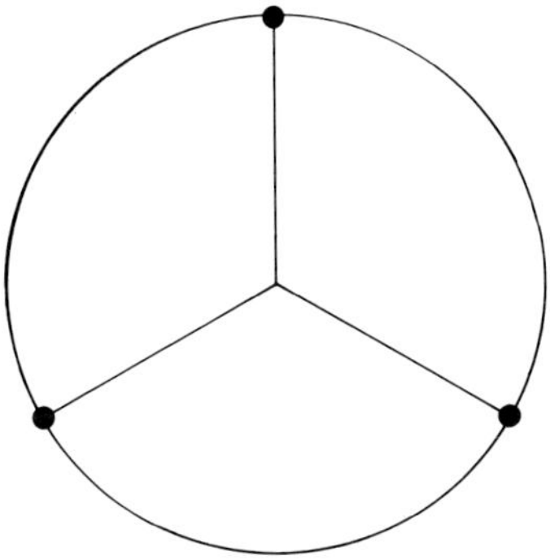

Geometrisch gleichabständig

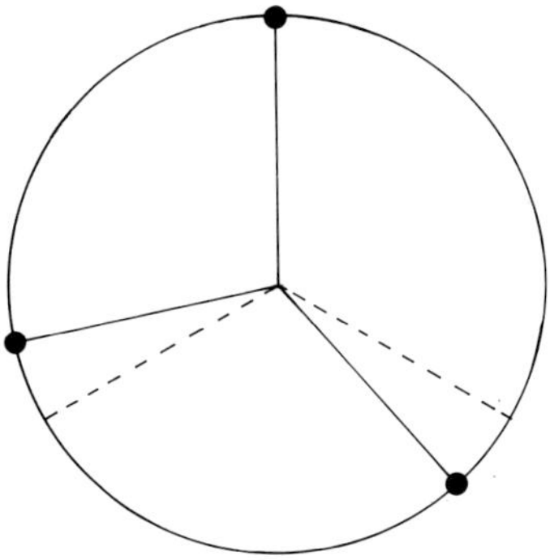

Optisch gleichabständig

Komplementärfarben, Komplementärbereiche

Komplementär: sich gegenseitig ergänzend

Ausgehend von der Definition, daß alle drei Grundfarben zusammen bei Lichtfarben Weiß, bei Körperfarben Schwarz ergeben, kann man jede Farbe auch mit Minusanteilen an den drei Primärfarben charakterisieren: jede Farbe, die nicht Weiß bzw. Schwarz ist, hat demnach Defizite an Primärfarben.

Diese Defizite ergeben eine zweite Farbe als Ergänzung zu den vollen Anteilen: die jeweilige Komplementärfarbe. Dadurch ist gewährleistet, daß beide Farben zusammen den gesamten Bereich von je 100 Prozent der Primärfarben umfassen.

Im geometrisch abgestuften Farbenkreis stehen sich die Komplementärfarbenpaare gegenüber; zum Beispiel steht Magenta gegenüber von Grün: Magenta als Primärfarbe und Grün als Mischfarbe aus den Primärfarben Gelb und Cyan.

Auch Schwarz und Weiß

Dieses Prinzip gilt nicht nur für gesättigte Farben des Farbenkreises; jede Farbe hat ihre Komplementärfarbe, selbst Schwarz, Beige und Umbra.

Die Frage nach der rechnerisch exakten Komplementärfarbe ist mehr von wissenschaftlichem als von praktischem Interesse, weil es bei Gegenüberstellungen von Komplementärfarben in der Malerei nicht auf Prozente, sondern auf das komplementäre Umfeld ankommt.

Bei Farbfiltern wird das Komplementärprinzip wirksam, wobei sich die jeweilige Komplementärfarbe ausfiltern läßt: der Blaufilter läßt Cyan und Magenta passieren, hält jedoch Gelb zurück.

Steigerung durch Komplementärfarben

Nebeneinander statt ineinander

In der Malerei kommt es nicht so sehr darauf an, ein exaktes Komplementärpaar zu finden und zu mischen. Von viel größerer Bedeutung ist die Gegenüberstellung mit einer bestimmten Farbe aus dem Komplementärbereich. (Beim Mischen von Komplementärfarben wird die Farbigkeit aufgehoben, da alle Primärfarben in vollen Anteilen vertreten sind.) Dabei werden Vorgänge wirksam, die mit dem Farbensehen und Farbenwahrnehmen zusammenhängen. Farben werden hier nicht isoliert, sondern simultan wirksam.

Der gesamte komplementäre Bereich ist dabei angesprochen, der beim Farbenkreis insgesamt das gegenüberliegende Drittel umfaßt und in der genauen Komplementärfarbe den Höhepunkt erreicht. Dieses Prinzip basiert auf den Anteilen der Primärfarben: Grün umfaßt die Primärfarben Gelb und Cyan, im gegenüberliegenden Drittel ist Magenta beteiligt.

Simultanwirkung in der Malerei

Viele Maler benutzen die Simultanwirkung durch Zuordnung von Farben aus dem Komplementärbereich. Auf diese Weise wird die jeweilige Farbkraft gegenseitig gesteigert und eine lebhafte Gesamtwirkung erzielt. Dabei ist es nicht ausschlaggebend, ob der Maler bewußt oder intuitiv vorgeht. Die Farbsteigerung durch Komplementärfarben kann in der gegenständlichen wie in der abstrakten Malerei beobachtet werden. Ausschlaggebend ist nicht nur die Auswahl einzelner Farben, sondern das Zusammenwirken einander zugeordneter Farben.

Komplementärfarben umfassen zusammen die vollen Anteile aller drei Primärfarben. Dies gilt für Lichtfarben und für Körperfarben.

Beim fotografischen Negativ sind alle Farben des Originals in Komplementärfarben umgewandelt.

Robert Delaunay, Kreisformen. Sonne Nr. 1, 1912/13

»Der Simultankontrast erzeugt den Dynamismus der Farben und deren Konstruktion, d.h. Tiefe, Proportion und Maß. Und er ist das stärkste Ausdrucksmittel der Wirklichkeit ...«

Robert Delaunay

Schwarz und Weiß

Die zwei extremen Farben

Unter Farben versteht man zunächst die bunten Farben. Schwarz und Weiß sind jedoch eigenständige und gleichwertige Farben. Sowohl in ihrem Charakter als auch in ihrer Bedeutung als Ausgangsfarben für Farbmischungen sind sie den Primärfarben gleichzustellen.

Daß sie eine Sonderstellung einnehmen, erklärt sich aus dem Aufbau des Auges, das neben den Farbrezeptoren ein komplettes Schwarz-Weiß-System aufweist.

Die Farben Schwarz und Weiß sind also nicht so zu verstehen, daß sie nur als Defizit von bunten Farben wahrgenommen werden. In der Mode, in der Kunst und im Design werden sie völlig gleichwertig eingesetzt. Und neben der reinen Anwendung sind sie in unzähligen Graunuancen zu finden.

Schwarz und Weiß bei Lichtfarben

Schwarz und Weiß gibt es eigentlich nicht

Unser Farberleben reagiert auf das Fehlen von jeglichem Lichteinfluß mit der Empfindung ›Schwarz‹. Auch die Bezeichnung ›Weiß‹ ist nicht präzis, da helles Licht eben hell, aber keineswegs weiß ist. Deshalb können bei Lichtfarben die Bezeichnungen Schwarz und Weiß ersetzt werden durch die Feststellung, daß alle Primärfarben fehlen oder in vollem Umfang vertreten sind.

Schwarz und Weiß als Mischfarben

Die meisten Farben sind Modulationen

Jede bunte Farbe (der Körperfarben) kann mit Schwarz und mit Weiß oder mit beiden gleichzeitig gemischt werden. Das Ergebnis sind Modulationen (die ebenfalls gebräuchliche Bezeichnung ›Trübung‹ ist nicht plausibel, weil gerade die Aufhellungen keinesfalls trüb erscheinen). Zahlenmäßig übertreffen die Modulationen um ein Vielfaches die gesättigten, bunten Farben. Sie umfassen eine Vielfalt von Ausdrucksmöglichkeiten.

Modulationen nach Weiß

Intensiv, manchmal kitschig

Durch die unterschiedliche Eigenhelligkeit der gesättigten Farben sind auch die Skalen der Aufhellung verschieden umfangreich. Das Auge kann Abstufungen nach Weiß besser unterscheiden als solche nach Schwarz. Besonders die an sich dunkleren bunten Farben erfahren durch bestimmte Aufhellungen eine größere Intensität. Bei Farben im Violett-Rot-Bereich können stärkere Aufhellungen einen süßlichen bis kitschigen Charakter annehmen. In der gegenständlichen Malerei werden durch Beimischungen mit Weiß besonders die Lichtverhältnisse dargestellt.

Modulationen nach Schwarz

Keinesfalls unbunt

Die bunten Farben behalten auch hier unter Beimischung von Schwarzanteilen noch lange einen intensiven Charakter. Der Gesamteindruck der mit Schwarz gemischten Farben ist ruhig, kräftig (auch hier würde die Bezeichnung ›getrübt‹ zu negativ wirken). Beim Malen erfahren Gegenstände durch Abstufungen nach Schwarz ihre räumliche Wirkung und eine besondere Ausdrucksstärke.

Modulationen nach Grau

Das große Reservoir

Dies sind Mischungen von bunten Farben gleichzeitig mit Schwarz und mit Weiß. Der gesamte Bereich der Graumodulationen ist sehr umfangreich. Die Ergebnisse sind im Vergleich zu Weißmodulationen angenehmer und zurückhaltender. Viele dadurch erzielte Nuancen sind noch unverbraucht und werden im Design bisher zu wenig genutzt. Das gilt auch für die gegenständliche Malerei, bei der besonders in der Landschaftsmalerei die Graunuancen der Natur vielfach nicht erfaßt werden.

> Jeder Farbton kann durch die Anteile an Gelb, Magenta, Cyan, Schwarz und Weiß definiert werden.

Modulationen

nach Weiß nach Schwarz nach Grau

Peder Severin Krøyer, Rosen. Gartenpartie aus Skagen mit der Frau des Künstlers, Ausschnitt, 1893

Die vielen Tertiärfarben

Alle Farben aus nur drei Primärfarben

Tertiärfarben sind Mischungen, bei denen alle drei Primärfarben beteiligt sind. Sie umfassen vor allem den großen Braunbereich. (Die Sekundärfarben, aus jeweils zwei Primärfarben entstanden, umfassen zusammen 160 unterscheidbare Mischfarben; die Tertiärfarben etwa 100 000).

In der Umwelt überwiegen die Tertiärfarben bei weitem gegenüber den gesättigten Buntfarben, die nur als Highlights bei Blumen, Schmetterlingen und Fischen vorkommen.

Sekundärfarben umfassen jeweils ein Drittel des Farbenkreises. Durch eine Mischung mit einer Farbe aus dem gegenüberliegenden Komplementärbereich kommen alle drei Primärfarben zusammen. Dadurch werden in jedem Fall Reinheit und Buntkraft vermindert; es entstehen gebrochene Farben. Diese verminderte Buntkraft bedeutet jedoch nicht, daß Tertiärfarben grundsätzlich unbunt sind. Sie können durchaus kraftvoll und intensiv sein.

1000 und mehr

Die Tertiärfarben lassen sich anhand von Farbwerttafeln, die aus den Primärfarben Gelb, Magenta und Cyan aufgebaut sind, sicher definieren. Bei den gebräuchlichen Reprotafeln werden 1000 Tertiärfarben aufgezeigt, die in Rasterwerten von je 10 Prozent abgestuft sind. Auch Zwischenwerte können mit dieser Methode erfaßt und zahlenmäßig festgelegt werden.

In der Malerei lassen sich Tertiärfarben aus unterschiedlichen Farben aufbauen; sie enthalten in einer Analyse jedoch immer die drei Primärfarben.

Besonders typisch sind die vielen Braunabstufungen für die Malerei der niederländischen Renaissance.

> Zwei Primärfarben ergeben 50–60 Mischtöne, drei Primärfarben aber 100 000.

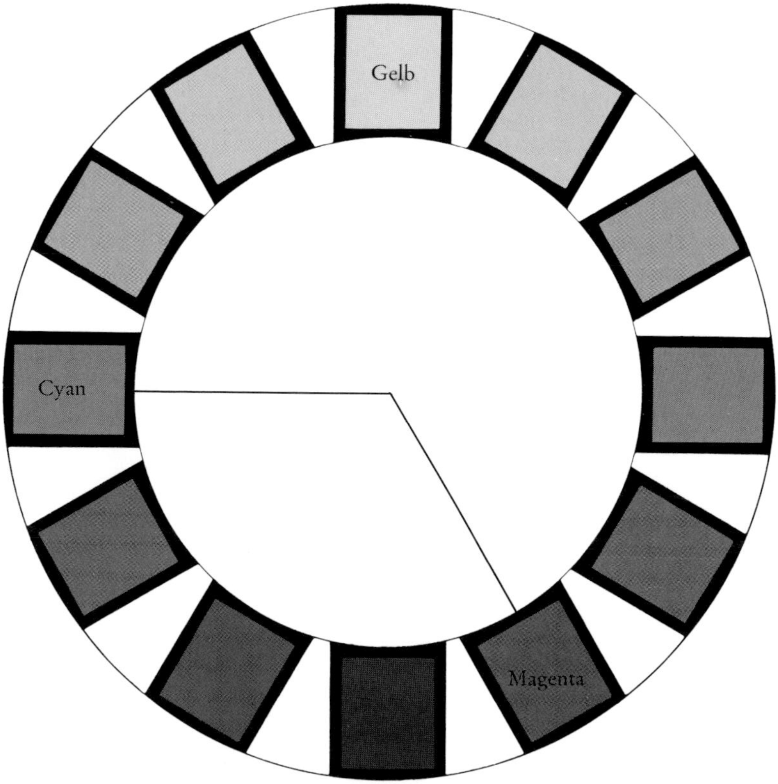

Zwischen zwei Primärfarben können nur Sekundärfarben sein. Erst durch das Mischen mit einer Farbe aus dem Komplementärbereich treffen alle drei Primärfarben zusammen, es entsteht eine Tertiärfarbe.

Aufbau von
Tertiärfarben aus den
drei Primärfarben

Die drei Primärfarben, je 40 Prozent

Die drei Primärfarben, je 70 Prozent

Weitaus die meisten Farben der Natur sind Tertiärfarben.

Die zwei Mischsysteme

Bereiche zwischen bunt und unbunt

Die gesättigten Farben des Farbenkreises können nach zwei grundsätzlich verschiedenen, aber im Ergebnis gleichen Verfahren in den unbunten Bereich abgemischt werden (diese zwei Systeme sind auch ausschlaggebend für die zwei Varianten der Farbenordnungen).

Es ist zunächst verblüffend (und keinesfalls selbstverständlich), daß jede Farbnuance auf zwei Wegen erreicht werden kann: mit zwei der drei Primärfarben und Schwarz (+ Weiß) oder mit den drei Primärfarben (+ Weiß). (Da beim Malen und beim Drucken mit Lasurfarben das Papierweiß mitwirkt, erscheint Weiß in diesen Fällen nicht als Mischfarbe.)

Diese Gleichrangigkeit der zwei Mischsysteme hängt wohl mit den zwei Rezeptorenarten (dem Bunt- und dem Unbuntsehen) des Auges zusammen – und mit der Tatsache, daß aus den drei bunten Primärfarben Schwarz entstehen kann.

In der Malerei gehen beide Systeme ineinander über. Da man hier meistens nicht von den Primärfarben ausgeht, werden häufig Tertiärfarben wiederum mit Schwarz bzw. Weiß gemischt.

3 + 1 oder 2 + 2

Es ist in jedem Fall erstaunlich, daß alle Farben aus diesen drei Primärfarben oder aus zwei Primärfarben mit Schwarz und/oder Weiß erzielt werden können. Hier ist der Hinweis interessant, daß unser Farbensehen auf vier Farbrezeptoren basiert: drei für bunte Farben und einem für Helligkeit.

In der Zusammenfassung lassen sich die gesamten Mischgesetze für Körperfarben auf diese zwei Erkenntnisse reduzieren.

Es gibt drei bunte und zwei unbunte Primärfarben. Alle anderen Farben sind Mischungen daraus.

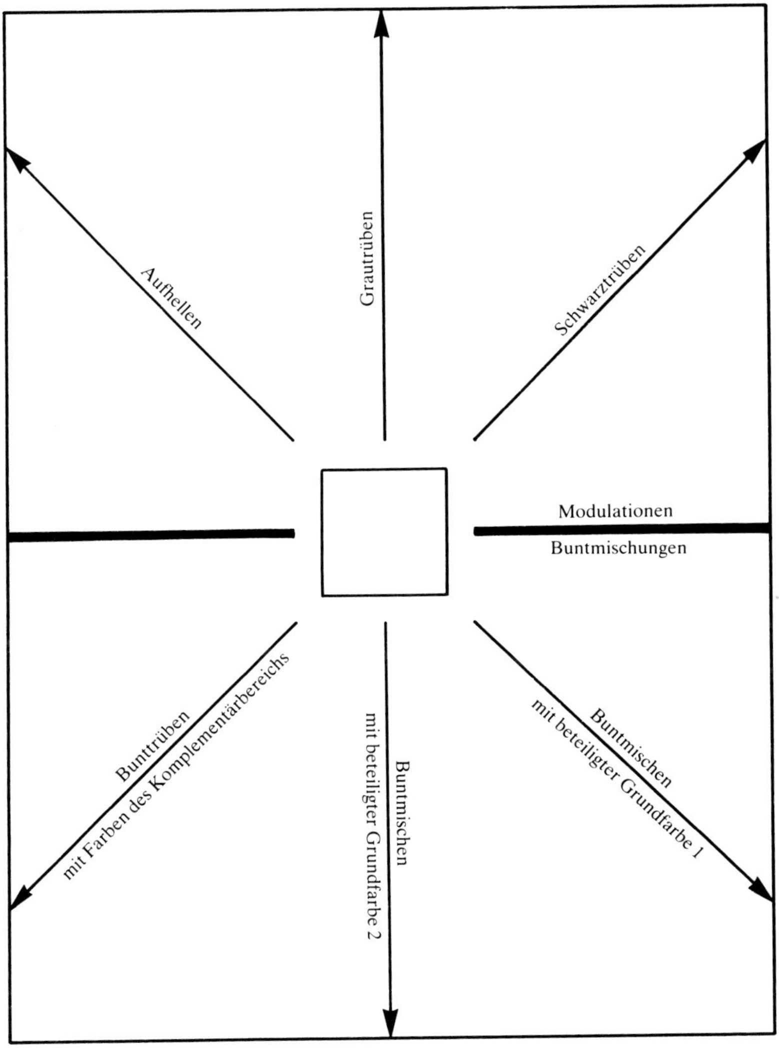

Die sechs Mischarten

Modulationen und Buntmischungen

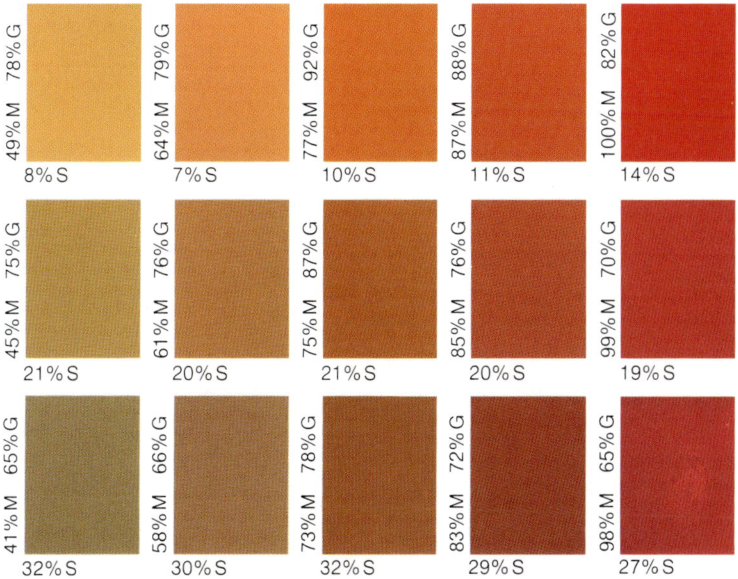

Auszug aus einer Farbwertetafel: mit zwei Skalenfarben + Schwarz

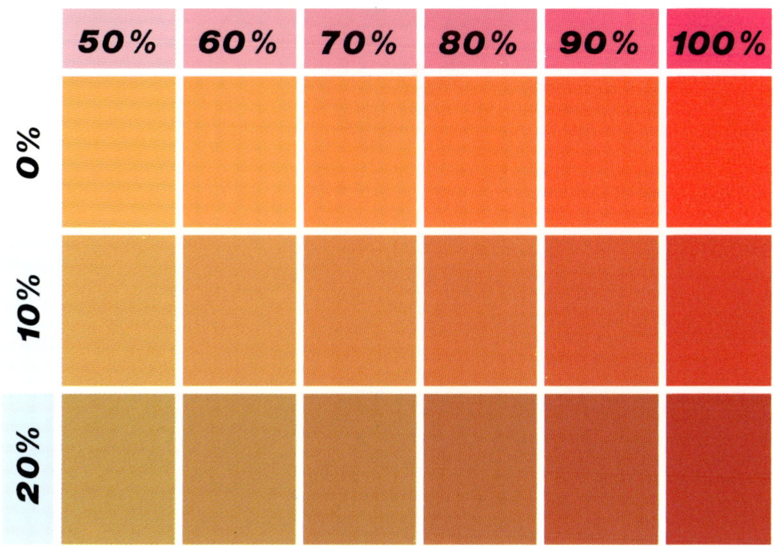

Auszug aus einer Farbwertetafel: mit drei Skalenfarben

Farben gegeneinander

In der Natur gibt es einfarbige Tonflächen nur als Ausnahme, und auch in der Malerei werden viele Farben verlaufend moduliert, nach hell oder dunkel oder zu einer anderen Farbe.

Ein perfekter Verlauf kann durch Verlaufsraster oder im Irisdruck (bei dem die Farbe auf der Walze schon verrieben wird) erreicht werden.

Werden zwei Farbverläufe (gedreht) übereinandergedruckt, so entstehen alle Mischtöne aus den beteiligten Ausgangsfarben. Die Gesamtwirkung ist in jedem Fall harmonisch.

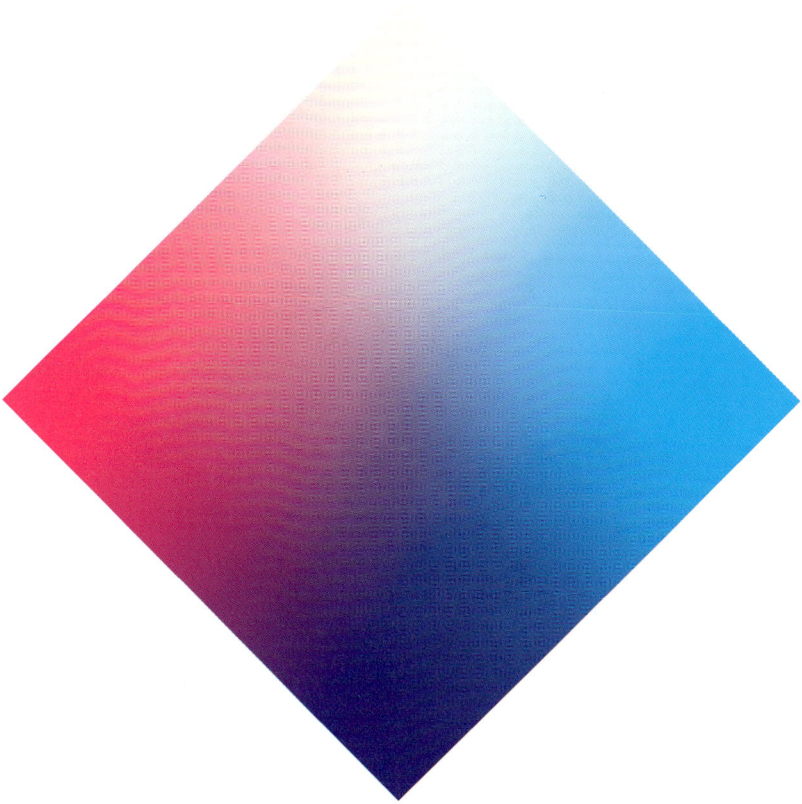

Praxis des Farbenmischens

Aus wenigen entstehen viele

Ausgangspunkt für das Mischen von Farben sind Farbsubstanzen, also Körperfarben, die sich nach dem Prinzip der subtraktiven Mischung verhalten.

Mischungen von zwei oder mehr Farben ergeben Farbtöne, die zwischen den Ausgangsfarben liegen.

Im Malkasten oder auf der Palette werden Farben ineinander gemischt: aus Gelb und Blau wird Grün (dieser Prozeß ist – im Gegensatz zum Mischprozeß von Lichtfarben – nicht umkehrbar). Und schon stellen sich Überraschungen ein. Blau macht sich dominant bemerkbar gegenüber Gelb. Bei gleichen Mengenanteilen entsteht noch kein Grün. Wer mit Blau beginnt, muß Unmengen von Gelb einbringen, um ein mittleres Grün zu erzielen. Aus dieser Erfahrung heraus ist es richtig, mit Gelb zu beginnen und Blau in kleinen Portionen beizumischen. Farbenmischungen sind Erfahrungswerte, doch können Helligkeits- und Intensitätsunterschiede von vornherein berücksichtigt werden.

Lasuren

Beim Farbenmischen werden gleichzeitig Unterschiede in der Transparenz bzw. Deckfähigkeit der einzelnen Farben bemerkbar. Grundsätzlich kann zwar gesagt werden, daß transparente Lasurfarben reinere Mischfarben ergeben, aber die Lasur- oder Deckfähigkeit ist in keinem Fall ein absoluter Begriff. Jede Farbsubstanz kann durch Beimischen von Deckweiß mehr oder weniger deckend gemacht werden, und umgekehrt kann jede Farbe durch Zugaben von Verdünnungen mehr oder weniger transparent werden.

Sehr hochkonzentriert und optimal lasierend sind Offset- und Tiefdruckfarben. Im Übereinanderdruck entstehen Mischungen, die den Substanzmischungen gleichkommen.

	transparent	deckend	wasserfest	nicht wasserfest
Aquarellfarben	×			×
Eiweißlasurfarben	×			×
Filzstifte	×			×
Temperafarben		×		×
Gouachefarben	×	×		×
Plakafarben		×	×	
Dispersionsfarben	×		×	
Acrylfarben	×		×	
Ölfarben	×	×	×	
Druckfarben	×		×	
Tuschen	×		×	×

Transparenz und Wasserfestigkeit von Malfarben

Eine Tonfläche mit Gelb, gedruckt über eine Tonfläche mit Cyan (oder umgekehrt), ergibt ein Grün, das der Substanzmischung entspricht.

Die Gleichabständigkeit

1:1 ist nicht die Mitte

Bei Farbrezepten werden die Mischfarben nach Gewicht oder nach Volumen festgelegt. Bei 1:1-Mischungen, also mit gleichen Anteilen, wirken sich die beteiligten Farben jedoch verschieden stark aus. Eine gefühlsmäßig mittlere Mischung dagegen läßt sich nach eigenem Ermessen finden (die dann auch als Rezept festgehalten werden kann).

Mischungen 100 + 100 Prozent (durch Übereinanderdruck)

Mischungen 50 + 50 Prozent (hier als Rasterstufen)

Wieviele Farben gibt es?

Die Schätzungen gehen – auch unter Fachleuten – weit auseinander. Der Physiker sagt, daß es theoretisch unendlich viele Farben gibt. Bei Computerprogrammen werden (zur Zeit) 16 Millionen mögliche Farben angegeben. Andererseits umfassen die meisten bekannten Farbsysteme ca. 100 Farben, und auch die Farbwertetafeln für den Skalendruck reichen nicht über 1000 verschiedene Farben hinaus. Was ist richtig?

Da Farben nur beim Sehvorgang entstehen, sind alle naturwissenschaftlichen und mathematischen Berechnungen bloße Theorie. Wieviele bunte Farben gibt es also?

Die gesättigten Farben sind bei Lichtfarben im Spektralband, bei Körperfarben im Farbkreis vertreten. Nach unterschiedlichen Untersuchungen kommt man auf die Gesamtzahl von 160 unterscheidbaren Farben. Das mag viel oder wenig erscheinen – in jedem Fall handelt es sich nur um die drei Primärfarben und die ca. 60 Sekundärfarben dazwischen. Diese 160 bunten Farben sind die Basis für die weiteren Mischungen.

Bunt × unbunt

Es gibt noch viele Farben

Jede dieser gesättigten Farben kann mit unterschiedlichen Anteilen von Schwarz und Weiß gemischt werden. Die dabei entstehenden 160 Modulationsreihen umfassen alle erreichbaren Farben, denn weitere Differenzierungen können vom Auge nicht mehr vorgenommen werden.

Bei der Auswahl von Farben im Design und in der Malerei wird bei weitem nicht das ganze Repertoire genutzt, und das weniger aus Mangel an Möglichkeiten, sondern vielmehr aus Mangel an Phantasie und Experimentierfreudigkeit.

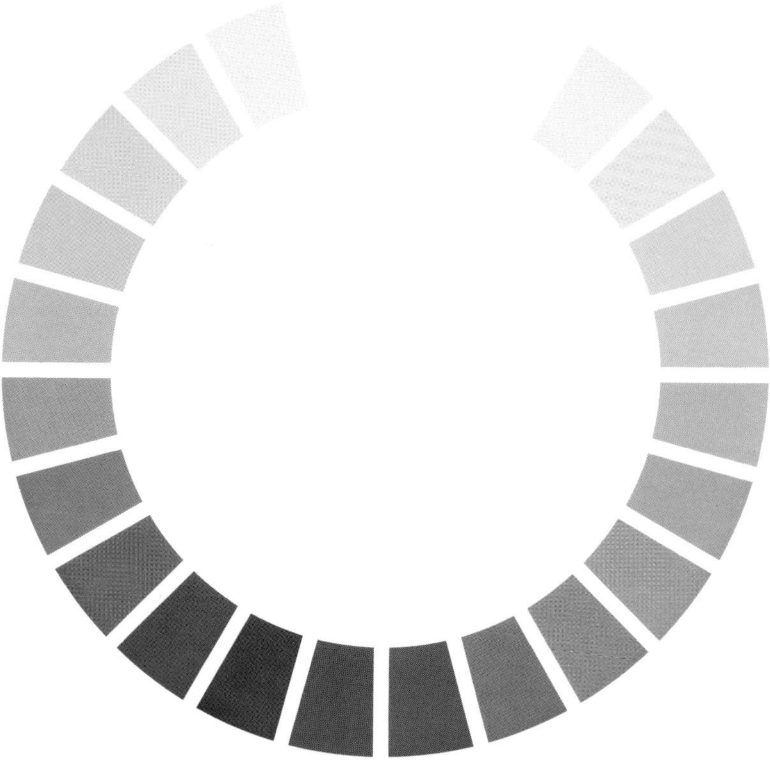

Die Gesamtzahl der Farben ergibt sich durch Mischen aller bunten Farben mit allen unbunten.

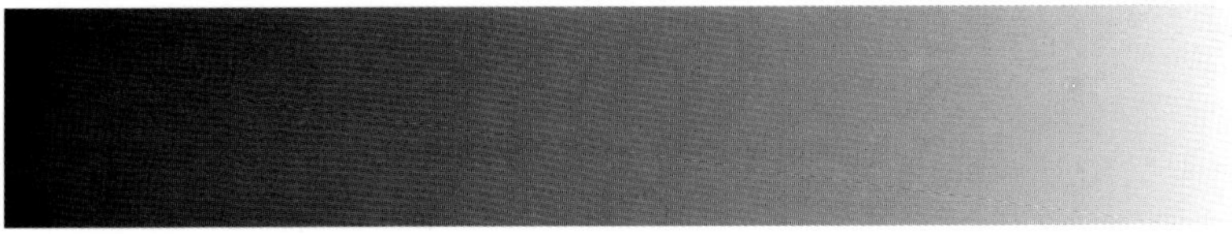

»Die Natur hat zehntausend Farben, und wir haben uns in den Kopf gesetzt, die Skala auf zwanzig zu reduzieren. Das ist Malerei.«

Hermann Hesse

Farbproben zur Prüfung der Lichtechtheit

Sortiment von Künstler-Ölfarben (Lukas)

Nr.		Bezeichnung	
0002	xn.dd •••	Kremserweiß Cremnitz white Blanc d'argent Blanco de plata	4
0004	d •••	Zinkweiß Zinc white Blanc de zinc Blanco de zinc	4
0007	dd •••	Deckweiß Opaque white Blanc opaque Blanco opaco	3
0008	dd •••	Titanweiß Titanium white Blanc titane Blanco titán	3
0055	dd •••	Englischrot dunkel English red deep Rouge anglais foncé Rojo inglés oscuro	1
0056	d •••	Fleischocker Flesh ochre Ocre de chair Ocre de carne	
0011	dd ••	Brillantgelb hell Brillant yellow light Jaune brillant clair Amarillo brillante claro	3
0012	dd ••	Brillantgelb dunkel Brillant yellow deep Jaune brillant foncé Amarillo brillante oscuro	3
0015	xn.dd ••	Chromgelb hell Chrome yellow light Jaune de chrome clair Amarillo de cromo claro	3
0017	xn.dd ••	Chromgelb dunkel Chrome yellow deep Jaune de chrome foncé Amarillo de cromo oscuro	3
0065	!! ••	Krapplack mittel Madder lake middle Laque de garance moyenne Laca de garanca media	5
0066	!! ••	Krapplack dunkel Madder lake deep Laque de garance foncée Laca de garanca oscura	
0020	dd ••	Fleischfarbe 2 Flesh colour 2 Couleur de chair 2 Color de carne 2	3
0022	dd ••	Fleischfarbe 4 Flesh colour 4 Couleur de chair 4 Color de carne 4	3
0023	d •••	Goldocker Gold ochre Ocre d'or Ocre d'oro	1
0024	!! ••	Indischgelb imit. Indian yellow imit. Jaune indien imit. Amarillo indiano imit.	5
0072	dd •••	Kadmiumrot hell Cadmium red light Rouge de cadmium clair Rojo de cadmio claro	8
0074	dd •••	Kadmiumrot dunkel Cadmium red deep Rouge de cadmium foncé Rojo de cadmio oscuro	
0025	dd ••	Kadmiumgelb zitron Cadmium yellow lemon Jaune de cadmium citron Amarillo de cadmio limón	7
0026	dd •••	Kadmiumgelb hell Cadmium yellow light Jaune de cadmium clair Amarillo de cadmio claro	7
0027	dd •••	Kadmiumgelb mittel Cadmium yellow middle Jaune de cadmium moyen Amarillo de cadmio medio	7
0028	dd •••	Kadmiumgelb dunkel Cadmium yellow deep Jaune de cadmium foncé Amarillo de cadmio oscuro	7
0099	d ••	Permanentrot hell Permanent red light Rouge permanent clair Rojo permanente claro	5
0100	! ••	Helio-Echtrot Helio genuine red Rouge hélio véritable Rojo helio gen.	
0029	dd •••	Kadmiumorange Cadmium orange Orangé de cadmium Naranja de cadmio	7
0031	d •••	Lichter Ocker Yellow ochre light Ocre claire Ocre amarillo claro	1
0034	dd ••	Neapelgelb hell imit. Naples yellow light imit. Jaune de Naples clair imit. Amarillo de Nápol. claro imit.	3
0109	! •••	Terra di Siena gebr. Burnt Sienna Terre de Sienne brûlée Tierra de Siena tostada	1
0110	d •••	Umbra cypr. natur Raw umber Terre d'ombre naturelle Tierra sombra natural	1
0166	d ••	Laubgrün Leaf green Vert d'herbe Verde de hierba	
0036	dd ••	Neapelgelb rötlich imit. Naples yellow reddish imit. Jaune de Naples rougeâtre imit. Amarillo de Nápol. rojizo imit.	5
0038	! •••	Römischer Ocker Roman ochre Ocre de Rome Ocre de Roma	1
0039	! •••	Terra di Siena natur Raw Sienna Terre de Sienne nat. Tierra de Siena nat.	1
0044	d •••	Helio-Echtgelb zitron Helio gen. yellow lemon Jaune hélio vérit. citron Amarillo helio gen. limón	5
0111	d •••	Umbra gebrannt Burnt umber Terre d'ombre brûlée Tierra sombra tostada	1
0112	! •••	Vandyckbraun imit. Van Dyke brown imit. Brun van Dyck imit. Pardo van Dyck imit.	
0045	d ••	Helio-Echtgelb hell Helio gen. yellow light Jaune hélio vérit. clair Amarillo helio gen. claro	5
0046	d ••	Helio-Echtgelb mittel Helio gen. yellow middle Jaune hélio vérit. moyen Amarillo helio gen. medio	5
0047	d ••	Helio-Echtgelb dunkel Helio gen. yellow deep Jaune hélio vérit. foncé Amarillo helio gen. oscuro	5
0048	d ••	Helio-Echtorange Helio gen. orange Orangé hélio vérit. Naranja helio gen.	5
0121	d •••	Coelinblau Cerulean blue Bleu céleste Azul celeste	8
0122	! •••	Indigo Indigo Indigo Indigo	
0049	d ••	Lukasrot Lukas red Rouge Lukas Rojo Lukas	5
0051	dd •••	Caput mortuum hell Caput mortuum light Tête morte claire Caput mortuum claro	1
0052	dd •••	Caput mortuum dunkel Caput mortuum deep Tête morte foncée Caput mortuum oscuro	1
0054	dd •••	Englischrot hell English red light Rouge anglais clair Rojo inglés claro	1
0126	! •••	Kobaltblau imit. Cobalt blue imit. Bleu de cobalt imit. Azul de cobalto imit.	3
0127	! •••	Kobaltviolett dunkel Cobalt violet deep Violet de cobalt foncé Violeta de cobalto oscuro	

…rmin / …rmine / …rmin / …rmin — 5

0064 Krapplack hell / Madder lake light / Laque de garance claire / Laca de garanca clara — 5

0134 Preußischblau / Prussian blue / Bleu de Prusse / Azul de Prusia — 3

0135 Ultramarin hell / Ultramarine light / Outremer clair / Ultramar claro — 3

0137 Ultramarin dunkel / Ultramarine deep / Outremer foncé / Ultramar oscuro — 3

0140 Ultramarin violett / Ultramarine violet / Outremer violet / Ultramar violeta — 3

…applack dunkelst / …adder lake deepest / …que de garance le plus foncée / …ca de garanca más oscura — 5

0071 dd Kadmiumrot hellst / Cadmium red lightest / Rouge de cadmium le plus clair / Rojo de cadmio más claro — 8

0145 Helio-Echtblau / Helio genuine blue / Bleu hélio véritable / Azul helio genuino — 5

0149 dd Königsblau 2 hell / Royal blue 2 light / Bleu royal 2 clair / Azul real 2 claro — 3

0150 dd Königsblau 4 dunkel / Royal blue 4 deep / Bleu royal 4 foncé / Azul real 4 oscuro — 3

0151 xn.dd Chromgrün hell / Chrome green light / Vert de chrome clair / Verde de cromo claro — 5

…ebr. Lichter Ocker / …urnt yellow ochre / …cre claire brûlée / …cre amarillo tostada — 1

0080 Geraniumlack / Geranium lake / Laque géranium / Laca de geranio — 5

0153 dd Chromoxidgrün stumpf / Oxide of chrome opaque / Oxide vert de chrome / Oxido de cromo verde — 5

0154 Chromoxidgrün feurig / Viridian / Vert émeraude / Verde esmeralda oscuro — 5

0157 Grüne Erde böhmisch / Bohemian green earth / Terre verte de Bohême / Tierra verde de Bohemia — 1

0158 Grüne Erde Veroneser / Verona green earth / Terre verte de Vérone / Tierra verde de Verona — 1

…ssierbraun imit. / …ssel earth imit. / …re de Cassel imit. / …rra de Cassel imit. — 1

0102 d Dunkler Ocker / Brown ochre / Ocre foncée / Ocre oscuro — 1

0161 Grüner Lack hell / Green lake light / Laque verte claire / Laca verde clara — 5

0162 Grüner Lack dunkel / Green lake deep / Laque verte foncée / Laca verde oscura — 5

0163 Permanentgrün hell / Permanent green light / Vert permanent clair / Verde permanente claro — 5

0164 Permanentgrün dunkel / Permanent green deep / Vert permanent foncé / Verde permanente oscuro — 5

…apelgelb dunkel imit. / …ples yellow deep imit. / …une de Naples foncé imit. / …arillo de Nápol. oscuro imit. — 5

0104 d Gebrannte grune Erde / Burnt green earth / Terre verte brûlée / Tierra verde tostada — 1

0106 Sepia imit. / Sepia imit. / Sépia imit. / Sepia imit. — 5

0167 d Schweinfurtergrün imit. / Emerald green imit. / Cendre verte imit. / Verde ceniza (esmeralda) imit. — 3

0171 xn. d Zinnobergrün hell / Cinnabar green light / Vert cinabre clair / Cinabrio verde claro — 5

0172 xn. d Zinnobergrün hellst / Cinnabar green lightest / Vert cinabre le plus clair / Cinabrio verde más claro — 5

…mbra grünlich / …een umber / …re d'ombre verdâtre / …erra sombra verdosa — 1

0119 d Mangan-Coelinblau / Manganese cerulean blue / Bleu céleste manganèse / Azul celeste manganésico — 5

0173 xn. d Zinnobergrün dunkel / Cinnabar green deep / Vert cinabre foncé / Cinabrio verde oscuro — 5

0177 d Kadmiumgrün hell / Cadmium green light / Vert de cadmium clair / Verde de cadmio claro — 7

0182 dd Elfenbeinschwarz / Ivory black / Noir d'ivoire / Negro marfil — 1

0183 dd Lampenschwarz / Lamp black / Noir de bougie / Negro de humo — 1

…altblau hell / …alt blue light / …u de cobalt clair / …l de cobalto claro — 7

0125 Kobaltblau dunkel / Cobalt blue deep / Bleu de cobalt foncé / Azul de cobalto oscuro — 7

0184 d Paynesgrau / Payne's grey / Gris de Payne / Gris de Payne — 3

0185 dd Rebenschwarz / Vine black / Noir de vigne / Negro de viña — 1

0190 dd Grau 1 (Warmgrau) / Grey 1 (warm grey) / Gris 1 (gris chaud) / Gris 1 (gris amarillento) — 3

0192 dd Grau 2 (Kaltgrau) / Grey 2 (cold grey) / Gris 2 (gris froid) / Gris 2 (gris azulado) — 3

…oletter Lack / …olet lake / …que violette / …ca violeta — 5

0133 Pariserblau / Paris blue / Bleu de Paris / Azul de Paris — 3

0194 Helio-Echtgrün mittel / Helio gen. green middle / Vert hélio vérit. moyen / Verde helio gen. medio — 5

0197 Helio-Echtgrün oliv / Helio gen. green olive / Vert hélio vérit. olive / Verde helio gen. oliva — 5

Farbtonabweichungen sind drucktechnisch bedingt.
Exact match of colours cannot always be guarenteed.
Sous réserve de différence de nuances.
Diferencias en los colores reservadas.

Farbkörper

Drei Dimensionen reichen nicht

Die Versuche, für alle Farben ein Ordnungssystem zu finden, reichen in das frühe 18. Jahrhundert zurück und sind bis heute nicht abgeschlossen.

Der Farbenkreis war ein erster Schritt in diese Richtung. Newton entwickelte ihn durch Zusammenfügen der Enden des Spektralbandes, also mit Lichtfarben. Später erweiterte Goethe die sechs von ihm bestimmten Grundfarben vom Sechseck zum Farbenkreis mit Körperfarben.

Jeder noch so fein abgestufte Farbenkreis kann jedoch grundsätzlich nur Primär- und Sekundärfarben, also bunte, gesättigte Farben zeigen. Mischungen mit Komplementärfarben oder mit den unbunten Farben Schwarz und Weiß erfordern dreidimensionale Darstellungen.

Es war interessanterweise ein Maler, der den ersten sinnvollen und auch heute noch akzeptierten Farbkörper entwickelte. Philipp Otto Runge stellte 1810 – in Korrespondenz mit Goethe – seine Farbenkugel vor. Den Äquator bildet der Farbenkreis, der Nordpol wird mit Weiß, der Südpol mit Schwarz besetzt. Runges Modell wurde immer wieder aufgegriffen und zu Doppelpyramiden, Doppelkegeln, Doppeltetraedern, Doppeloktaedern oder auch unregelmäßigen Körpern abgewandelt.

Allen diesen Farbkörpern gemeinsam ist der Aufbau durch Modulationen. Die bunten, gesättigten Farben werden im Innern nach Weiß, Schwarz bzw. deren Grauzwischenstufen abgemischt. Das bedeutet, daß in keinem Fall Tertiärfarben (die alle drei Primärfarben enthalten) vorkommen können.

Umgekehrt kann ein Farbkörper wie ein Farbwürfel, der auf dem Mischprinzip der drei Primärfarben aufgebaut ist, keine Modulationen nach Schwarz-Weiß-Grau enthalten.

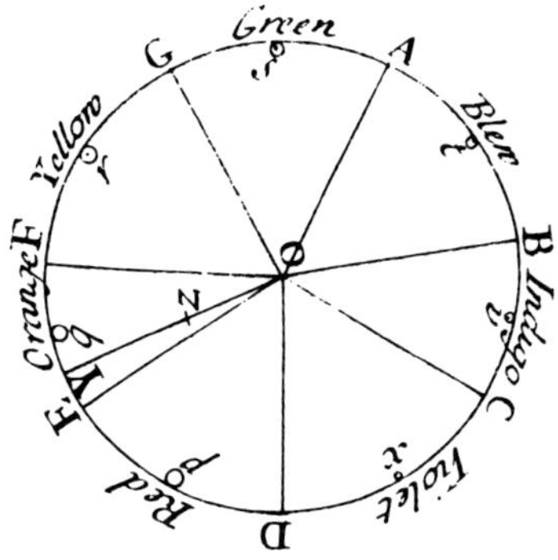

Newtons Farbenkreis

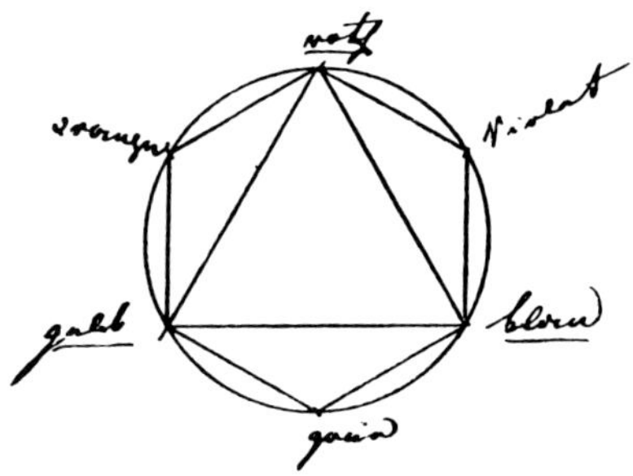

Schema des Farbenkreises von Philipp Otto Runge

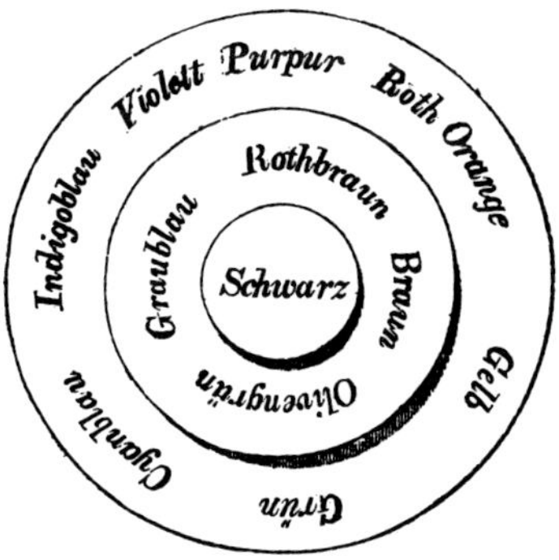

Farbenkegel von Helmholtz

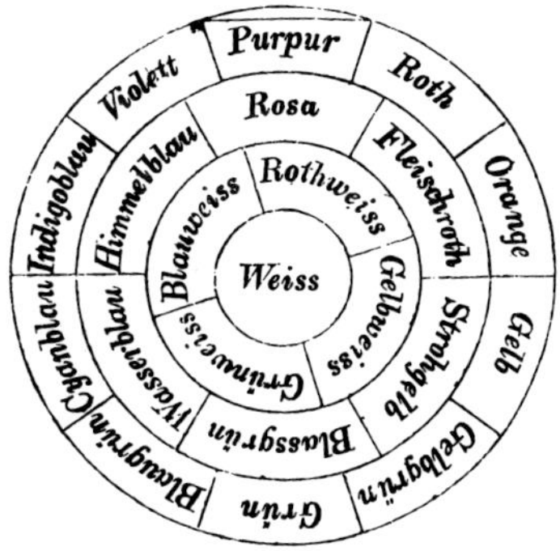

Farbenkreis von Helmholtz

Braun entsteht entweder durch das Zusammentreffen der drei Primärfarben oder durch das Mischen der Orange-Rot-Bereiche mit Schwarz bzw. Grau.

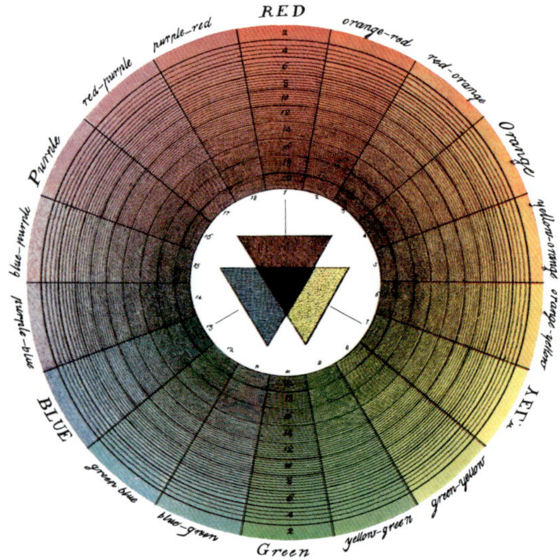

Farbenkreis von Moses Harris (1766)

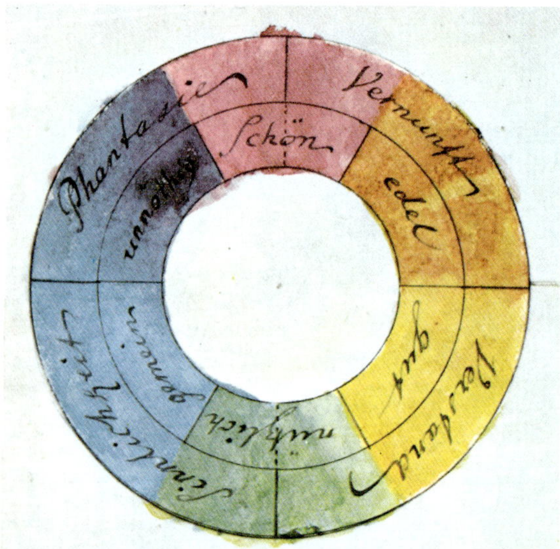

Vorstudie Goethes (auch die Kolorierung mit Wasserfarben stammt wahrscheinlilch von ihm)

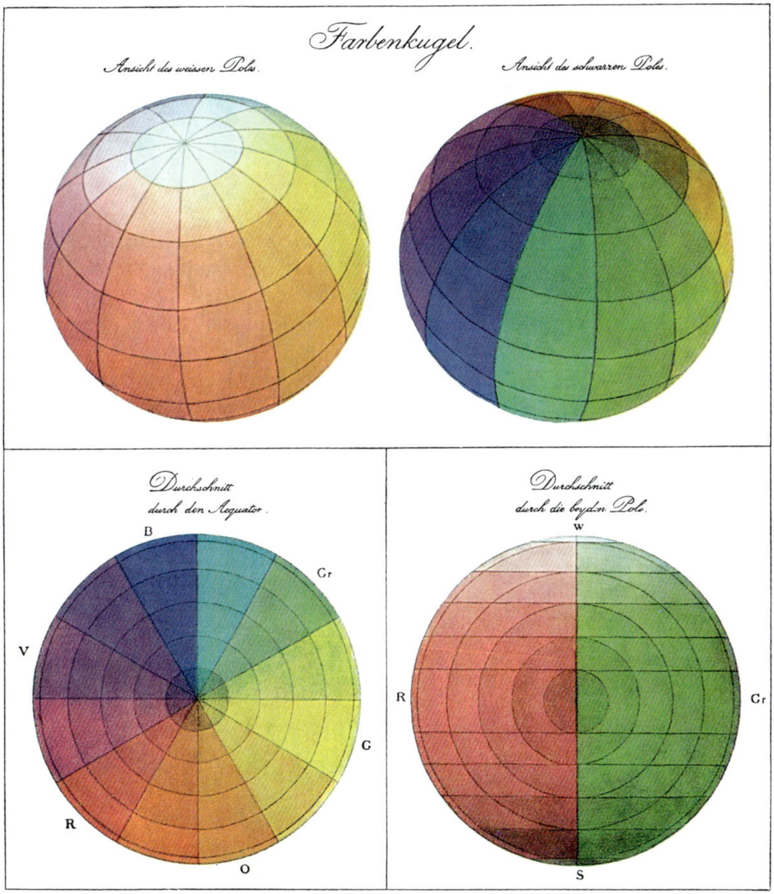

Farbenkugel von Philipp Otto Runge

Farbenordnungen

Warum es keine endgültigen Farbmodelle gibt

Auf einer zweidimensionalen Farbtafel können maximal drei Parameter auftreten, z.B. Abstufungen von Cyan, Gelb und Weiß. Beim dreidimensionalen Farbkörper sind es maximal vier Parameter: entweder die drei Primärfarben und Weiß oder je zwei der drei Primärfarben plus Weiß, plus Schwarz. Da es keine Möglichkeit gibt, beide Systeme zu vereinigen, existieren beide Modelle gleichberechtigt nebeneinander.

Grundfarben für alle Möglichkeiten des Mischens von Körperfarben sind die drei bunten Primärfarben Gelb, Magenta und Cyan und die zwei unbunten Farben Schwarz und Weiß. Somit kann jede Farbe nach ihren Anteilen an diesen fünf Farben definiert werden, aber eben nur tabellarisch und nicht anschaulich, da fünf Parameter nicht gleichzeitig gezeigt werden können.

Der Trick der Farbkörper

Also doch Farbtafeln

Gleichgültig, welche Form ein Farbkörper hat, man sieht zunächst nur die Oberfläche. Erst durch Zerlegen eines Farbkörpers in Schnitte werden die Abstufungen aus dem Innern des Farbkörpers ans Licht gebracht. Es sind also letztlich immer Reihen von einzelnen Farbtafeln, die ein Farbsystem sichtbar machen.

Farbenordnungen und die Praxis

Einige Farbkörper haben zu brauchbaren Farbtafelsystemen geführt: die Farbwerbetafel für den Skalendruck, entstanden aus Schnitten durch den Farbwürfel, oder der Pflanzenfarbenatlas nach DIN 6164. Daneben existieren Farbkarteien zur Auswahl und Bestimmung von Farben, die – wie RAL für Kunstharzfarben oder Pantone und HKS für Flächendrucke – nicht von einem Farbsystem oder Farbkörper abgeleitet sind, sondern Mustersammlungen darstellen.

Die einzige und umfassende Definition jeder Körperfarbe: die Anteile der fünf Grundfarben Gelb, Magenta, Cyan, Schwarz und Weiß.

Farbmodelle für Lichtfarben?

Da Lichtfarben nicht auf Dauer existieren, lassen sich auch die additiven Mischungen nur durch das Auftragen von Körperfarben darstellen, die von vornherein nicht die Intensität und Farbkraft der Lichtfarben haben können. Am meisten verbreitet ist das CIE-System auf der Grundlage des Spektrums.

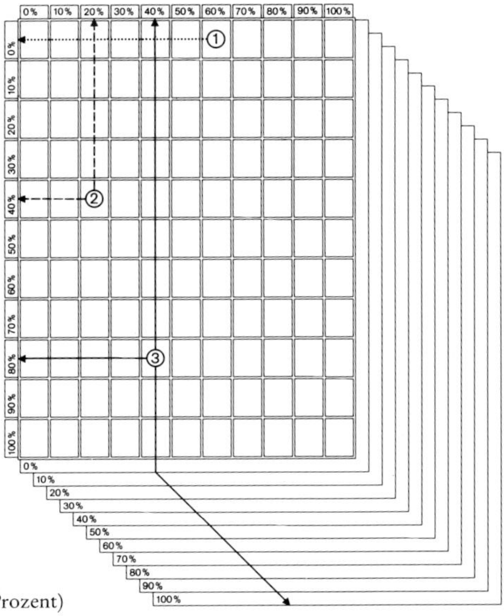

Farbwertetafeln sind Schnitte durch einen Farbenwürfel (hier elf Blätter mit Gelb von 0 bis 100 Prozent)

Buntton T = 11

Blue-purple Blaupurpur Pourpre-bleu

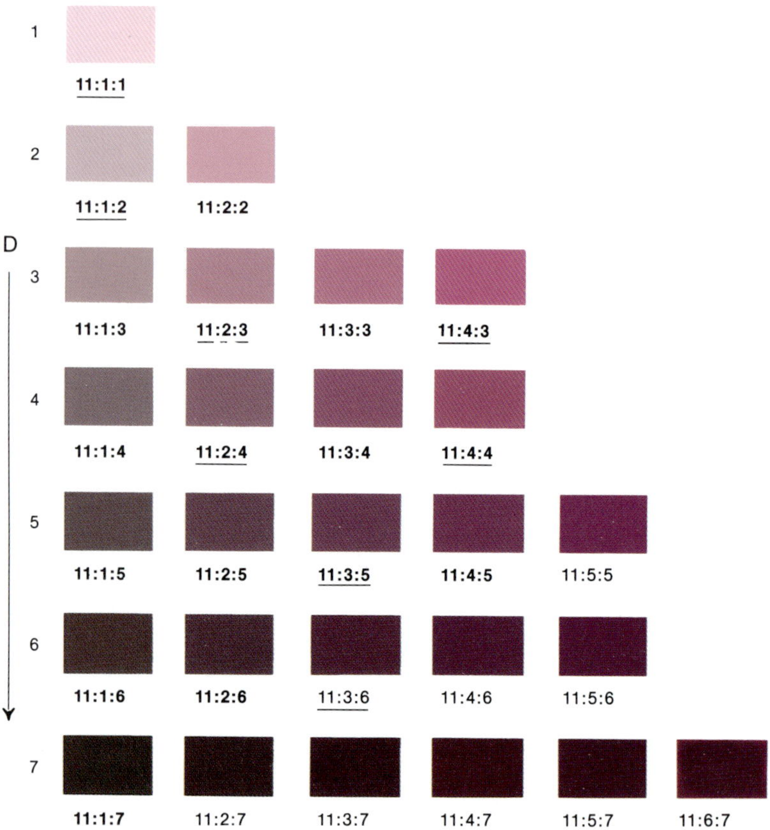

Farbenkarte DIN 6164 (insgesamt 24 Blätter)

Pflanzenfarbenatlas nach DIN 6164 (insgesamt 24 Blätter) von Prof. Biesalski ▷

No. 11,5

A 11,5:1:1	B 11,5:2:1,5	C 11,5:3:2,5	D 11,5:4:3	E 11,5:6:4,5
	H 11,5:2:3	J 11,5:3:3	K 11,5:4:4	L 11,5:5,5:5,5
	P 11,5:2:4	Q 11,5:3:4	R 11,5:5:5	
U 11,5:1:7			X 11,5:4,5:6,5	

Kornradenrot
Corncockle Red
Rouge Nielle des blés
Rojo de neguillón

Agrostemma githago L.

Prof. Dr. E. Biesalski · Pflanzenfarben-Atlas mit Farbzeichen nach DIN 6164 in der Genauigkeitsstufe 1/2

Farben sind relativ

Die physikalischen Daten zur Bestimmung eines Farbtons lassen sich nur im Ausnahmefall sachlich und objektiv erfassen. Sie werden unter idealisierten, standardisierten Laborbedingungen beobachtet und sind für die Farbwahrnehmung nur Anhaltspunkte. Für die Entstehung unserer farbigen Umwelt wirken weit mehr Faktoren zusammen als Wellenlänge und Lichtstärke.

Objektive Bedingungen

Die Umwelt erscheint uns nur dann farbig, wenn sie in ausreichendem Maße beleuchtet wird. Das Tageslicht verändert sich in seiner Zusammensetzung ununterbrochen, und das nicht nur im Verlauf eines Tages, sondern auch mit der Jahreszeit und dem Breitengrad.

Darüber hinaus spielt die Position des Betrachters in bezug auf die Lichtquelle eine Rolle, vor allem bei Gegenlicht. Besonders bei den Landschaftsbetrachtungen wirken sich die jeweiligen Wetter- und Lichtverhältnisse oft mehr aus als die Lokalfarben.

Jeder Gegenstand, auch ein einfarbiger, bekommt je nach Position der Lichtquelle und des Betrachters recht unterschiedliche Farbwerte in Licht- und Schattenpartien.

Beim Zusammenwirken verschiedener, durch veränderte Lichtverhältnisse entstandener Farbanteile entstehen bei allen Betrachtern die gleichen Bilder. Es ist jedoch unwahrscheinlich, daß sich die Bedingungen einer spezifischen Situation in genau derselben Form wiederholen.

Subjektive Einflüsse

Bei zunehmender Dämmerung gehen die Farbempfindungen mehr und mehr zurück und werden zu Grautönen. Damit kann man sich noch sehr lange orientieren. Dieser Übergangszustand im Dämmerlicht hängt im wesentlichen vom Grad der Augenadaption ab (und kann eine Stunde der Anpassung in Anspruch nehmen). Deshalb ist es nicht möglich, den Dämmerzustand in der Malerei oder in der Fotografie festzuhalten, weil das Ergebnis dann doch wieder bei vollem Licht betrachtet wird.

DE LA LOI
DU CONTRASTE SIMULTANÉ
DES COULEURS,

ET

DE L'ASSORTIMENT DES OBJETS COLORÉS,

CONSIDÉRÉ D'APRÈS CETTE LOI

DANS SES RAPPORTS AVEC LA PEINTURE, LES TAPISSERIES DES GOBELINS, LES TAPISSERIES DE BEAUVAIS POUR MEUBLES, LES TAPIS, LA MOSAÏQUE, LES VITRAUX COLORÉS, L'IMPRESSION DES ÉTOFFES, L'IMPRIMERIE, L'ENLUMINURE, LA DÉCORATION DES ÉDIFICES, L'HABILLEMENT ET L'HORTICULTURE;

PAR

M. E. CHEVREUL,

Membre de l'Institut de France, de la Société royale de Londres, de la Société royale des sciences de Copenhague, de l'Académie royale des sciences de Stockholm, de l'Académie royale des sciences de Berlin, de la Société royale et centrale d'agriculture du département de la Seine, etc.

Officier de la Légion d'honneur et chevalier de l'ordre danois de Danebrog.

On doit tendre avec effort à l'infaillibilité sans y prétendre.

MALEBRANCHE.

PARIS,

Chez PITOIS-LEVRAULT et Ce, rue de la Harpe, n.° 81.

1839.

Farbenlehre von M. E. Chevreul aus dem Jahre 1839

Farben in der Entfernung

Licht und Luft

Beim Betrachten einer Landschaft gelangen die Lichtstrahlen durch die dazwischenliegende Luft zum Auge. Hierbei treffen die Lichtstrahlen auf Partikel, die in der Luft schweben. Diese sind teils natürlichen Ursprungs wie vor allem Wasserbläschen. Die Luft enthält aber auch Staubpartikel, deren Anteil besonders in Ballungsgebieten in Form von Abgasen, Ruß, Rauch und andere Teilchen verstärkt wird. In der Luftschicht werden Lichtstrahlen durch die verschiedenen Partikel gestreut, es entsteht Helligkeit. Dieser gleiche Effekt kann beobachtet werden, wenn im dichten Nebel die Autoscheinwerfer aufgeblendet werden (zum Vergleich: der luftleere Weltraum ist absolut dunkel).

Die Luftperspektive

Der Grad der Streuung hängt von der Anzahl der Partikel und von der Entfernung ab. Daraus ergibt sich, daß Landschaftsteile in der Entfernung immer heller erscheinen als naheliegende. Gleichzeitig werden sie unschärfer, bis sie am Horizont immer mehr verschwimmen. Veränderte Bedingungen entstehen durch den von Tages- und Jahreszeit abhängigen Sonnenstand und durch die Blickrichtung des Betrachters in Beziehung zur Sonne.

Die Erfahrung, daß entfernte Bereiche heller sind, ist hilfreich bei der Einschätzung von Entfernungen. In der Landschaftsmalerei wird die Luftperspektive als bewußtes Mittel der Tiefenstaffelung eingesetzt.

Die Farbenperspektive

Die blauen Berge

Bei zunehmender Entfernung werden die von der Sonne kommenden ›weißen‹ Lichtstrahlen durch die dazwischenliegende Luftschicht in unterschiedlicher Weise gestreut. Während der Vordergrund in unveränderter Farbigkeit erscheint, überwiegen bei entfernteren Bereichen die kurzwelligen Anteile; die Farben bekommen einen Blaustich. Das wirkt sich besonders beim Grün von Wiesen und Wäldern aus, die zum Horizont hin immer blauer erscheinen. Für den Landschaftsmaler ist die Farbenperspektive bei der Darstellung von Tiefe und Entfernung in den meisten Fällen wichtiger als die Linearperspektive (letztere ist für Architekturdarstellungen relevant).

Sowohl die Luft- als auch die Farbenperspektive, die meistens zusammen erscheinen, entsprechen der Beobachtung vor Ort. Maler und Betrachter vergleichen die Erscheinungen mit ihren Erfahrungen – wohlwissend, daß die Bäume in Wirklichkeit mit zunehmender Entfernung nicht blauer werden.

Der Maler und Schriftsteller Hermann Hesse drückt das auf seine Weise aus: »Über die nächsten Berge, die grün und rot mit weißen Dörfern aufklangen, schauten bläuliche Bergzüge und lichter und blauer dahinter neue Züge und ganz fern und unwirklich die kristallenen Spitzen von Schneebergen.«

Der Farbeneindruck beim Sehen ist genauso ein Faktum wie die tatsächliche Oberflächenfarbe.

Albrecht Dürer, Drahtziehmühle, 1489/90

Farben gleichzeitig

Steigerung der Buntkraft und der Helligkeit

Wenn unterschiedliche Farbimpulse in direkter Nachbarschaft das Auge treffen, so beeinflussen sich die Farben gegenseitig (Simultanwirkung).

Das Auge hat dabei die Tendenz der Kontrastverstärkung; der Unterschied erscheint größer. Dabei wirkt die größere Fläche auf die kleinere. Die Farbverschiebungen vollziehen sich in drei verschiedene Richtungen (und können kombiniert auftreten).

1. Verstärkte Farbunterschiede: Der jeweilige Abstand der Farben im Farbenkreis bzw. im Spektrum erscheint größer als bei isolierter Betrachtung.
2. Verstärkte Helligkeitsunterschiede: Dieselbe Farbe erscheint auf einem helleren Hintergrund dunkler als auf einem dunkleren. Das gilt auch für Grautöne.
3. Verstärkte Sättigung: Eine etwas getrübte Farbe wirkt auf grauem Hintergrund bunter, auf einem gesättigten dagegen noch getrübter.

Eine graue Farbe bekommt auf buntem Hintergrund eine scheinbare Beimischung durch die Komplementärfarbe der Hintergrundfarbe. Vergleichende Beobachtungen von Simultanwirkungen sind besonders augenfällig. Da Farben nur im Sonderfall als isolierte Flächen auftreten, kann man davon ausgehen, daß wir die meisten Farben unter dem Einfluß der Simultanwirkung, also mit verstärktem Kontrast, empfinden.

Kontraststeigerung

Werden zwei Farben gleichzeitig gesehen, so wird der Kontrast zwischen den beiden Farben sowohl in der Helligkeit als auch in der Buntheit gesteigert.

Dabei werden beide in den jeweiligen Komplementärbereich abgedrängt. Ein mittelgrauer Punkt wirkt

auf hellem Grund dunkler als auf dunklem, ein roter Punkt wirkt auf Grün wie Orange, auf Orange wie Magenta.

Die Kontraststeigerung ist nicht nur bei gesättigten Farben, sondern bei allen Nuancen wirksam.

Grundsätzlich kann gesagt werden, daß jede Farbe gesteigert wird, wenn man sie gleichzeitig mit Farben des Komplementärbereiches sieht. Diese Kontraststeigerung dient der besseren Unterscheidbarkeit der Umwelt und der Orientierung in der Natur.

Simultanwirkung: Farbverschiebungen durch unterschiedliches Umfeld

Simultane Farben beim Malen

Ein beliebtes Mittel in der Malerei

Fast immer werden beim Malen Farben mit anderen Farben konfrontiert (um das zu vermeiden, hat Ellsworth Kelly riesengroße einfarbige Bilder angefertigt). Dem Maler müssen die Farbveränderungen durch gegenseitige Beeinflussung jedoch nicht bewußt sein, da er sowohl beim Sujet wie auch bei der bildlichen Darstellung des Sujets vom sichtbaren Erlebnis ausgeht und nicht von den isolierten Einzelfarben. Der Simultaneffekt ist jedoch sehr häufig wirksam. Man geht nicht zu weit, die Veränderungen durch simultane Farben als Normalfall anzunehmen. Das gilt für die gegenständliche wie für die abstrakte Malerei. Da durch die Simultanwirkung in jedem Fall die Kontraste und dadurch die Farbkraft gesteigert werden, ist sie ein wichtiges Mittel der Malerei.

Welches ist die ›richtige‹ Farbe?

Wer ein Veroneser Grün aus der Tube auf eine weiße Leinwand aufträgt, bekommt eine ganz charakteristische Farbe. Die Farbprobe ist in Frequenzanteilen und in der Helligkeit meßbar. Das ist eine eindeutige Bestimmung.

Wird beim Malen eines Blumenstückes das Grün einem Karminrot gegenübergestellt, verändern beide ihre Farbigkeit. Sind die Farben unzuverlässig, oder unterliegen wir Sehtäuschungen?

Farbe ist keine absolute Größe

Erfahrungen beim Malen und beim Sehen

Alle Farbeindrücke sind richtig, aber eben nur unter den jeweiligen Bedingungen. Es gibt nicht die neutrale, immer gültige Bestimmung für eine Farbe, sondern nur die jeweilige Farbsituation. Der Farbeindruck ist trotz der zum Teil beträchtlichen Verschiebungen objektiv, da er unter den gleichen Bedingungen immer gleich und dadurch beliebig wiederholbar ist.

Diese Feststellung ist deshalb fundiert, weil Farbe nur als Seherlebnis existiert – ohne das menschliche Auge gibt es keine Farberscheinung. Es ist deshalb berechtigt (und auch naturwissenschaftlich gesichert), der Farbempfindung die gleiche Relevanz einzuräumen wie den physikalischen Meßdaten.

Woher kommen die dunklen Flecken?

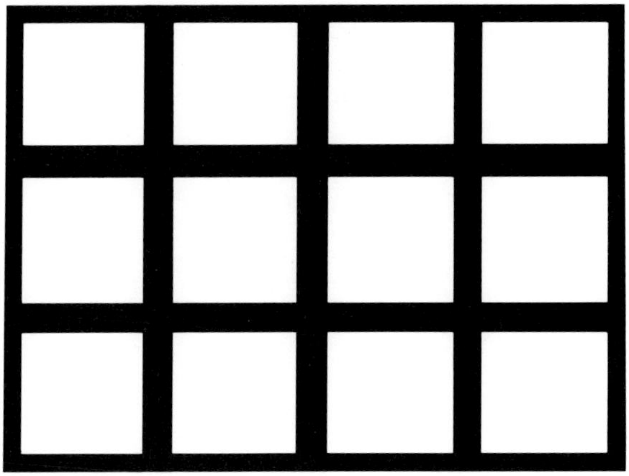

Und die hellen?

Beobachtung der Simultanwirkung: die gleichen Farben in wechselnder Reihenfolge (eine Computer-Animation) ▷

Zweimal dasselbe Grau

Die Überraschung ist noch größer, wenn die grauen Streifen hin- und hergeschoben werden können.

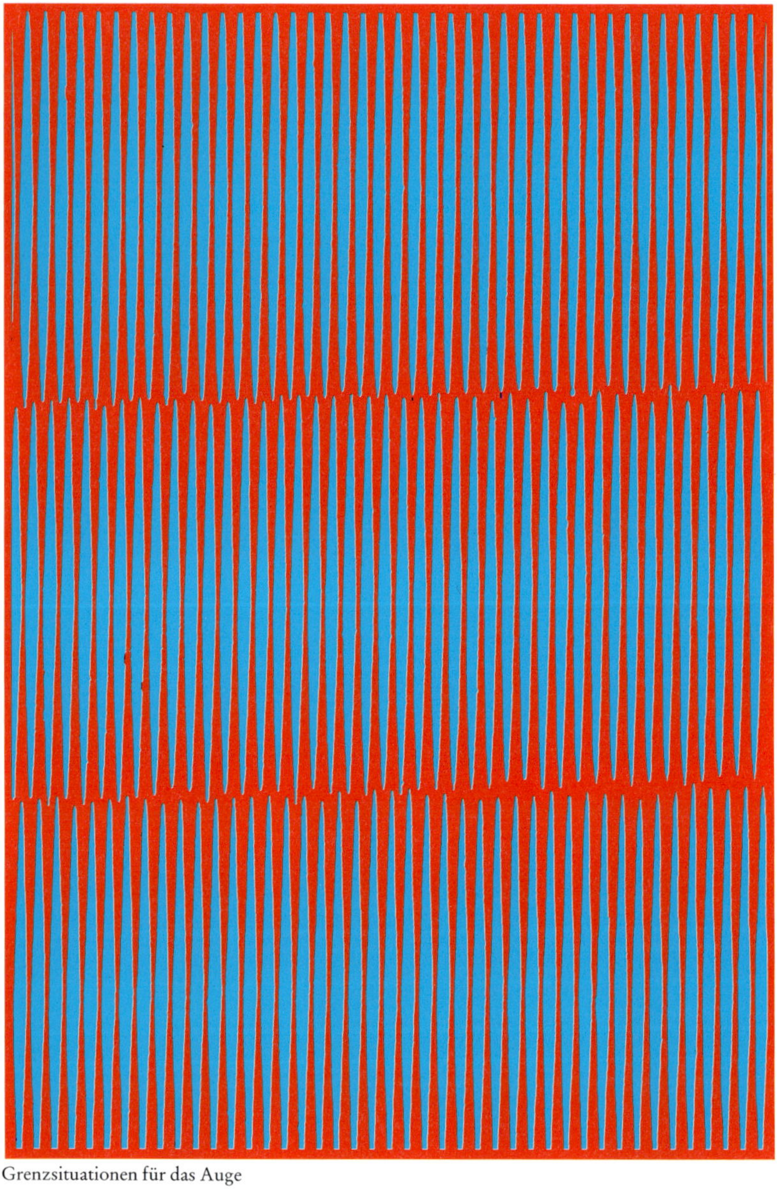

Grenzsituationen für das Auge

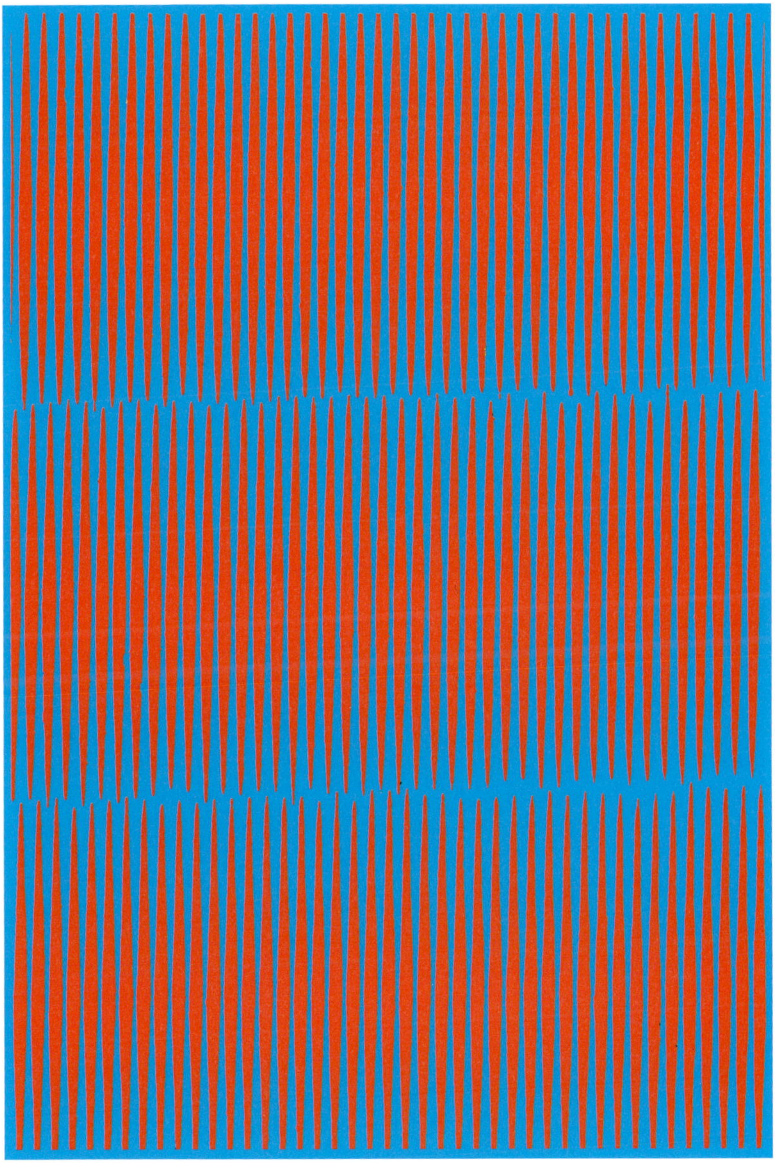

Der unnötige Streit

Das Phänomen Farbe ist von zwei Seiten zu betrachten: durch Messen und durch Sehen. Eine Anekdote soll diesen (scheinbaren) Widerspruch illustrieren:

Die große, rote Sonne

Ein Maler und ein Physiker erleben zusammen einen Sonnenuntergang am Meeresstrand. Wie nicht anders zu erwarten, schwärmt der Maler von dem überwältigenden Untergang der riesigen roten Sonne und ihrem Widerschein im Wasser und am Firmament. Der Physiker weiß es anders: Die Sonne versinkt natürlich nicht im Meer. Sie geht nicht einmal unter, sondern sie ist durch die Erdumdrehung eine Zeitlang nicht mehr sichtbar. Und was da als riesige rote Sonne erscheint, ist nur die Reflexion in der Atmosphäre. Die Sonne ist auch jetzt nicht größer als am Mittag.

Beide – der Maler und der Physiker – haben auf ihre Weise jeweils recht.

Immer wieder: Goethe und Newton

Theorien vor der Verfügbarkeit der Elektrizität

Das zweifache Bezugsfeld der Farbe ist bis heute nicht allgemein akzeptiert und führt immer wieder zu heftigen, oft emotional aufgeheizten Debatten.

Für Goethe war die physikalische einseitige Betrachtung nicht plausibel, weil sie mit seinen Beobachtungen bei seinen Farbenexperimenten und beim Malen nicht übereinstimmte. Die Auseinandersetzung Goethes mit den Theorien Newtons sind – aus der heutigen Erkenntnis – auf die unterschiedlichen Gesetze von Lichtfarben und Körperfarben zurückzuführen. Diese Differenzierung setzte sich aber erst um 1850 durch. Man muß auch berücksichtigen, daß beiden Forschern nicht die Experimentiermöglichkeiten zur Verfügung standen, die wir heute durch das elektrische Licht haben.

Chevreul und die Folgen

Ein Bestseller-Autor (siehe auch Abbildung S. 63)

Schon bald nach Goethe (1839) verfaßte M. E. Chevreul die epochale und bis heute gültige Farbenlehre ›DE LA LOI DU CONTRASTE SIMULTANE DES COULEURS‹. Er war Pionier in der Erkenntnis, daß die Farbe nicht absolut, sondern relativ zu sehen ist, und stellte ganz klar das Seherlebnis in den Mittelpunkt seiner Farbenlehre. (Obwohl dieses Werk der Bestseller für alle Zeiten wurde, ist es heute nur in einem Reprint in englischer Übersetzung erhältlich.) Die Farbenlehren von Hoelzel und Itten beziehen sich weitgehend auf Chevreul.

Die ›Interactions‹ von Albers

Der Bauhauslehrer und Maler Josef Albers machte die veränderte Farbwahrnehmung zu seinem Thema. Wie kein anderer untersuchte er gerade die Relativität der Farbe und stellte sie in überzeugenden Beispielen in der Werkserie ›Interactions of Color‹ vor.

Er sagt dazu:

»1. Farbe ist nicht in erster Linie ein physikalisches, sondern ein psychologisches Phänomen.

2. Wir sehen Farbe fast nie als das, was sie ist; Farbe ist deshalb das relativste Medium der Kunst, und es gibt nur eine einzelne Lösung für visuelle Formulierungen.

3. Unser Farbgedächtnis ist – im Vergleich zum Tongedächtnis – sehr schlecht.«

> Beobachtungen sind wichtiger als Gesetze.

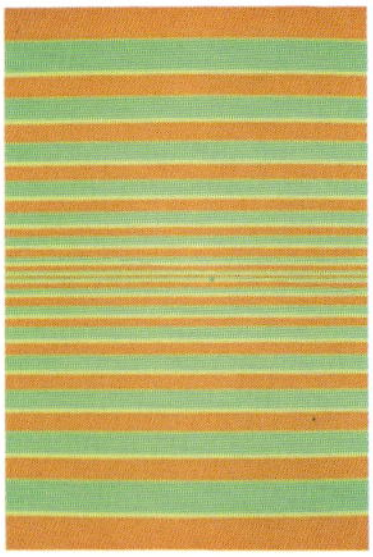

Optische Mischungen bei schmalen Streifen

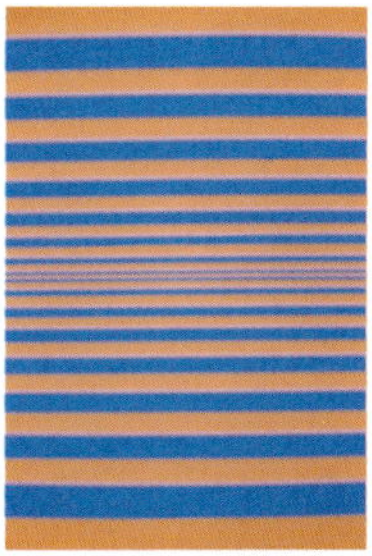

Farben nacheinander

Das Auge schützt sich

Vergleichbar mit der Wechselwirkung von simultanen Farbeindrücken beeinflussen sich Farben auch, wenn sie nacheinander an derselben Stelle auftreten. Hier wird eine Eigenart des Auges wirksam, die als Schutzvorrichtung gegen zu starke und zu lange Impulse in Erscheinung tritt.

Ein starker Eindruck beim Sehen wird sowohl in der Farbintensität als auch in der Helligkeit vermindert. Diese Verminderung wirkt für einige Zeit nach. Blickt man danach auf eine neutrale Fläche, so erscheint diese in den betreffenden Teilen nicht neutral, sondern im komplementären Bereich: ein roter Fleck erscheint als grünliches Nachbild (und umgekehrt), eine weiße Stelle erscheint als dunkles Nachbild (und umgekehrt). Dieses Phänomen gilt für bunte und unbunte Farben gleichermaßen. Chevreul hat hierfür den Begriff »Sukzessivkontrast« geprägt.
Besonders starke Nachbilder entstehen durch die intensiven Reize, die von Lichtquellen direkt ausgehen. Man kann sie noch lange als Nach- bzw. Negativbilder auch bei geschlossenem Auge beobachten. Beim Fernsehbild kann man Nachbilder immer dann wahrnehmen, wenn nach einem starken Farb- und Helligkeitseindruck eine neutrale Fläche folgt.

Nur in extremen Fällen werden uns Sukzessiveffekte als Nachbilder bewußt. Tatsächlich aber wird unser Auge immer von den vorhergehenden Impulsen beeinflußt, was zu wesentlichen, wenn auch nicht nachvollziehbaren Farbveränderungen führt.

Nur unter Laborbedingungen sieht man eine Farbe völlig neutral.

Beim Versuch, das Kreuz in der Mitte zu fixieren, bewegen sich die Augen früher oder später. Dann entstehen am Rand wandernde Nachbilder.

Das Farbensehen

Licht und Auge

Übereinstimmung

Das Farbensehen resultiert aus der Empfindlichkeit von Farbrezeptoren in der Netzhaut, die getrennt für Rot, Grün und Blau wirken. Durch unterschiedlich starke Reizung werden alle übrigen Farben daraus ›gemischt‹.

Das Farbensehen beruht also auf denselben drei Komponenten, die auch als Primärfarben der Lichtfarben für die additive Farbenmischung zuständig sind: Rot, Grün und Blau. Man kann den Prozeß des Farbensehens als Übereinstimmung der beiden Systeme definieren:

Licht trifft in meist unterschiedlichen Anteilen der Primärfarben, aus denen es aufgebaut ist, ins Auge, und reizt in diesen Anteilen die Rezeptoren, die für eben diese Primärfarben empfindlich sind.

Young und Helmholtz

RGB

Bereits 1801 entwickelte Thomas Young die Dreifarbentheorie für das Farbensehen. Er schrieb: »Da man sich kaum vorstellen kann, daß jeder empfindliche Netzhautpunkt eine unbestimmte Zahl von Partikeln enthält, die durch jede mögliche Lichtwelle zum Schwingen gebracht werden, ist es erforderlich, eine begrenzte Zahl anzunehmen.« Clerk Maxwell, der die Theorie entwickelte, daß Licht aus elektromagnetischen Wellen aufgebaut ist, anerkannte Youngs Beitrag: »Es ist beinahe eine Binsenwahrheit zu sagen, daß Farbe eine Empfindung ist, und doch führte Young die klare Erkenntnis dieser elementaren Wahrheit zur ersten folgerichtigen Farbtheorie. Soweit mir bekannt ist, war Young der erste, der, ausgehend von der altbekannten Tatsache, daß es drei primäre Farben gibt, eine Erklärung für dieses Faktum suchte. Und zwar nicht in der Natur des Lichts, sondern in der Konstitution des

Menschen.« Später hat Hermann von Helmholtz (1821–1894) die Dreifarbentheorie von Young aufgegriffen und weiterentwickelt. Die ›Young-Helmholtz-Theorie‹ besitzt bis heute Gültigkeit.

Das Auge als Kamera

Optik und Belichtung

Unser Wissen um das Funktionsprinzip einer Kamera ist heute häufig größer als das über die Funktionszusammenhänge unserer Sehfähigkeit. Tatsächlich kann das menschliche Auge mit einer Kamera verglichen werden. Dem optischen System entsprechen Linse und Augapfel, und dem lichtempfindlichen Film entsprechen die Rezeptoren der Netzhaut.

Das Auge hat – um bei dem Kameramodell zu bleiben – gleichzeitig einen Schwarzweißfilm und einen Farbfilm: die Zapfen für die Empfindung von Schwarz-Weiß-Impulsen und die Stäbchen für die Farbempfindungen.

Der Sehvorgang in diesen zwei Ebenen erfolgt (bei hellem Licht) gleichzeitig. Das Schwarz-Weiß-System umfaßt 130 Millionen Zapfen, das Farbsystem sieben Millionen Stäbchen – und das auf jeder Netzhaut der beiden Augen in den Ausmaßen einer Briefmarke.

Die vier Arten von Rezeptoren (für Schwarz-Weiß, Rot, Grün, Blau) funktionieren auf der Basis von chemischen Prozessen. Ein Lichtimpuls von 1/80 Millionstel Sekunde wird bereits registriert, und das Auge kann 18 Bilder in einer Sekunde differenzieren. Wenn man den Anteil der Nervenzellen im Gehirn, die für das Sehen aktiviert werden (über 300 Milliarden), dazunimmt, ist der Sehvorgang die komplizierteste Sinneswahrnehmung.

> Das Huhn und das Ei:
> Sind die RGB-Rezeptoren auf das RGB-Licht abgestimmt – oder umgekehrt?

Rot-Grün-Blau:
die Komponenten der Lichtfarben und des Farbensehens

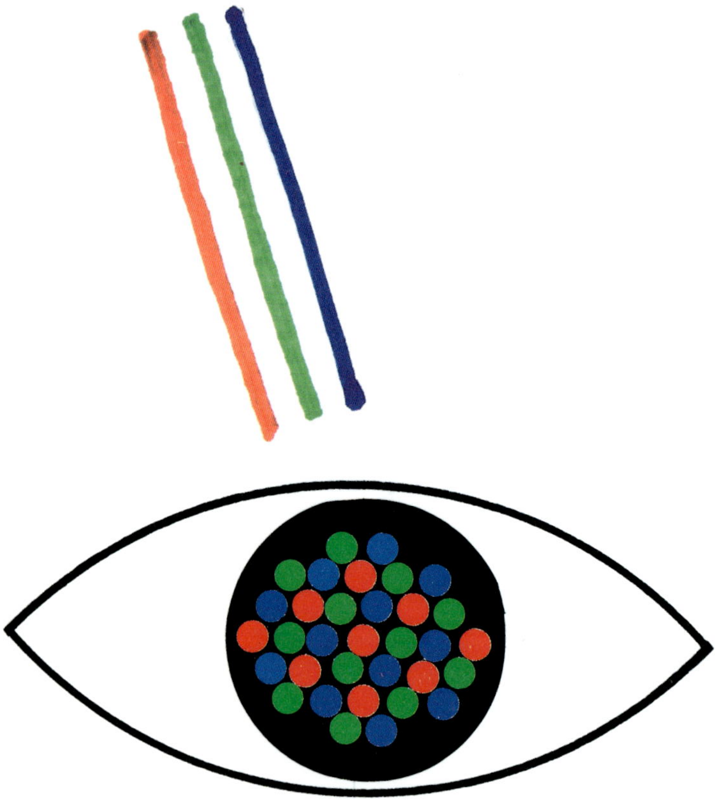

Rot – Grün – Blau, von der Sonne zu den Augen

Ohne Licht sind beide Äpfel gleich.

Zwei Äpfel unterscheiden sich nur durch die Farbe, sonst sind sie gleich: in Form und Größe, Geruch und Geschmack. Bei Nacht kann man sie also nicht unterscheiden. Sie erhalten ihre Farbe durch das Zusammenwirken von Licht und Augen, die Farbe existiert also nur für den Moment des Sehvorgangs.

»Die physikalische Optik wird dem Farberlebnis nicht gerecht. Farbe gehört dem Auge.«

Goethe

Auge und Gehirn

»Man sieht nur, was man weiß. Man weiß nur, was man sieht.«

Marcel Proust

Außenstation Auge

Die visuellen Sinnesorgane sind nur die Empfangsstationen für die ankommenden Lichtimpulse. Von den Augen werden die Signale durch die jeweilige Sehbahn (einem Nervenstrang mit einer Million Nervenfasern) an die Sehzentren des Gehirns weitergeleitet. Es ist erwiesen, daß sich die Augen als Ausstülpung des Gehirns im Verlauf der Entwicklungsgeschichte gebildet haben. Deshalb ist es richtig, die Farbwahrnehmung als Kooperation von Auge und Gehirn zu verstehen.

Eine Zwischenstation

Drei oder vier Farben?

Von den beiden Augen werden die Lichtimpulse und deren Reaktionen bei den Rezeptoren an die jeweilig gegenüberliegende Gehirnhälfte als Signale weitergeleitet. Bereits dieser Übertragungsprozeß ist so komplex, daß man ihn bis heute nicht völlig erforschen konnte. Einen wichtigen Beitrag dazu leistete der Physiologe Ewald Hering (1834–1918), der davon ausging, daß zwischen den Rezeptoren und dem Gehirn ein Code-Mechanismus wirksam ist. Dieser beruht auf der engen Bindung der Komplementärfarbenpaare Rot-Grün, Blau-Gelb und Schwarz-Weiß, auf den ›Opponenten‹. Hering griff damit die Dreifarbentheorie von Young und Helmholtz an, aber die heutige Auffassung tendiert dahin, daß beide Theorien ihre Berechtigung haben.

Das Gehirn als Ordnungsinstanz

Ein Rätsel bis heute

Das Gehirn ist nicht nur als Empfangsstation für Farb- und Lichtimpulse zu verstehen. Hier erfolgt auch deren Verarbeitung. In vielen Fällen muß das Gehirn nach einem Ordnungsprogramm die plausibelsten Erklärungen finden. Dabei ist ein System wirksam, das jeden Computer bei weitem übertrifft und das – solange man die Augen offen hat – ununterbrochen tätig ist.

Der Prozeß der Wahrnehmung unserer Umwelt ist sehr komplex und bis heute keinesfalls geklärt – es gibt gegenwärtig über 30 000 Gehirnforscher. Doch es kann hier weniger um endgültige Erkenntnisse über den Vorgang der Wahrnehmung als um eine vorsichtige Annäherung an wahrscheinliche Vorgänge gehen.

Die Interpretation durch das Gehirn ist so umfassend, daß sie die Rezeption im Auge zwar voraussetzt, diese aber danach ununterbrochen neu verarbeitet. Erst hierdurch entsteht eine Farbwahrnehmung.

Was ist das ›Bewußtsein‹?

Hardware und Software

Weder durch Forschen noch durch Nachdenken kann man den Zusammenhang zwischen Sehen, Denken und Fühlen erfassen. Das gilt auch für die Wahrnehmung von Farben. Ein Reiz der für Rot zuständigen Rezeptoren bewirkt mehr als die Meldung ›Rot‹. Unsere Erfahrung und Beobachtung spielen immer mit, und wir registrieren nicht ›Rot‹, sondern ›Tomate‹ oder ›Stop-Schild‹. Jede Meldung durch das visuelle System wird mit vorhergegangenen Bildern und Erlebnissen verglichen und danach eingeordnet. Erst dadurch werden wir unserer Umwelt bewußt.

Das Netzhautbild wird mit bekannten Mustern verglichen und vom Gehirn als gelerntes Zeichen erkannt. Der Normalsichtige sieht nicht nur farbige Punkte, sondern ordnet sie durch die unterschiedliche Farbigkeit zu Superzeichen. Auge und Gehirn arbeiten bei dem Erkennungsprozeß zusammen. Das Ergebnis ist die Meldung ›83‹, die im Kurzzeitgedächtnis gespeichert wird.

Studie von Leonardo da Vinci, bei der Auge und Gehirn in Verbindung gebracht werden ▷

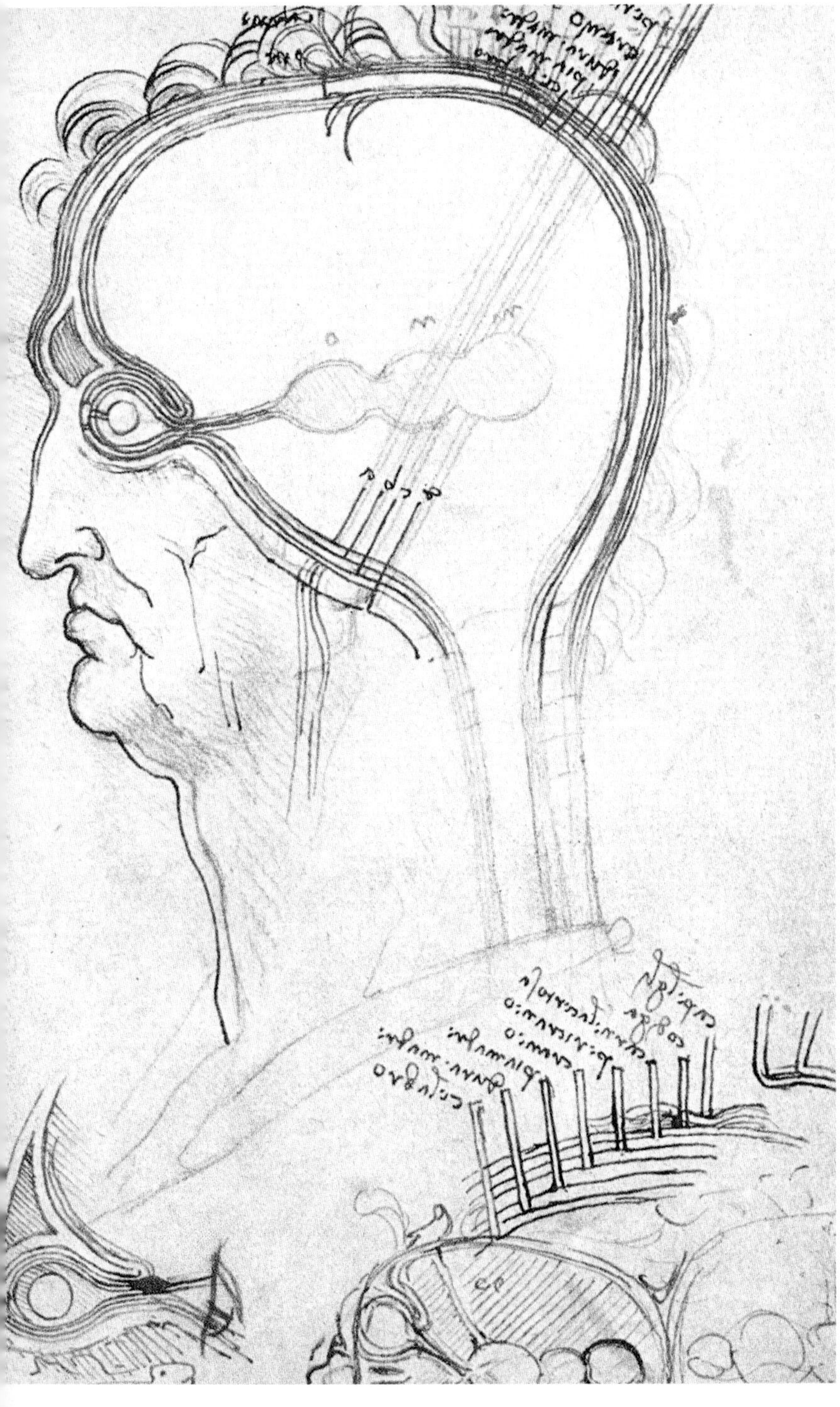

Farberfahrungen

Sehen wir alle dasselbe? Das Wissen aus der Erfahrung

Da jede Farbwahrnehmung das Ergebnis eines Prozesses ist, bei dem Meldungen von den Sinnesorganen mit vorangegangenen Erfahrungen verglichen und danach ausgewertet werden, ist oft weniger der Sinneseindruck als dessen Verarbeitung maßgebend. Das Gehirn ist eben doch nicht mit einem Computer vergleichbar, da es ganz persönliche Erfahrungen abrufen kann.

Größenkonstanz

Wer einem Menschen gegenübersteht, kann dessen Größe mit der eigenen vergleichen und ziemlich genau abschätzen. Auf der Kinoleinwand fehlt diese Orientierung genauso wie beim Fernsehbild, aber dennoch glaubt niemand, daß ein Mensch einige Meter oder einige Zentimeter groß ist. Die Erfahrungen korrigieren das Seherlebnis.

Diese Korrekturen durch vorausgegangene Erfahrungen sind bei der Wahrnehmung der Umwelt ständig wirksam. Die Straße wird am Horizont nicht kleiner, obwohl man sie so sieht und trotzdem unbekümmert weiterfährt.

Beim Zeichnen muß das Wissen aus der Erfahrung ignoriert werden. Eine Baumallee in einer Zeichnung hat im Hintergrund kleinere Bäume, obwohl das Bewußtsein dieses Bild zuerst korrigiert und dann für die Darstellung wieder akzeptiert, damit das Bild beim Betrachter dieselben Reaktionen wie in der Erfahrung auslöst.

In der mittelalterlichen Malerei wurde auf die Seherfahrung keine Rücksicht genommen. Alle Figuren – auch im Hintergrund – erhielten dieselben Größenverhältnisse, was durchaus auch sinnvoll ist und nicht mit Unvermögen erklärt werden muß.

Welche Farbe stimmt nun?

Auch bei der Farbwahrnehmung werden besonders bei bekannten Bildern ständig Korrekturen durch das Gedächtnis vorgenommen. Es war David Katz, der darauf hinwies, daß ein weißes Blatt Papier im Mondlicht wesentlich dunkler ist als ein schwarzes Blatt im Sonnenlicht, und es wird dennoch als weiß registriert. Das Wissen ist dominanter als der Sinneseindruck.

Licht und Schatten verändern die (eigentlich gleichbleibende) Oberflächenfarbe.

Auf dem Netzhaut-Abbild wird die Straße immer schmaler, und die Bäume werden immer kleiner.

Wir malen eine Tomate

Vom Auge zur Hand

Eine frische Tomate hat rundum dieselbe Farbe. Man braucht also nur eine kreisartige Fläche mit Tomatenrot anzulegen, und schon ist das Bild fertig. Aber – eine Fläche ist nicht als Tomate erkennbar. Da fehlt doch die Schattierung, und an einer spezifischen Stelle ein Lichtreflex. Also wird man mit Schwarz und Weiß nachhelfen, bis die Fläche als Gegenstand erkennbar ist.

Ausschlaggebend ist demnach nicht die ›eigentliche‹, die Körperfarbe, sondern die Erscheinungsfarbe in der jeweiligen Beleuchtung. Und da wir wissen, daß eine Tomate einfarbig ist, werden die Tonwerte ignoriert, und man registriert das Ganze als einfarbigen Gegenstand.

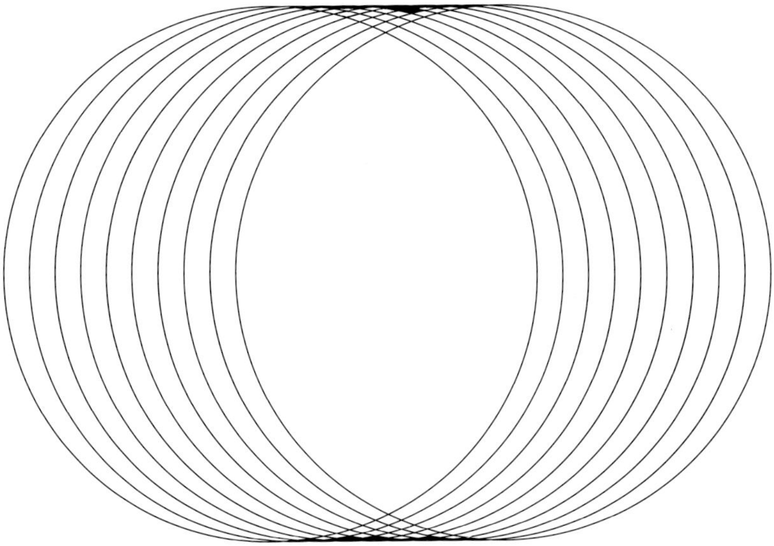

Verschiedene Interpretationen sind möglich.

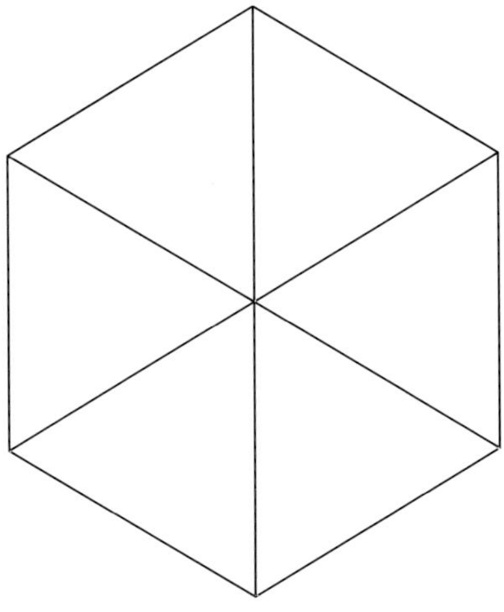

Edward Hopper, Second-Story Sunlight (Oberlicht), Ausschnitt, 1960

Edward Hopper, Sun in an Empty Room (Sonne in einem leeren Zimmer), Ausschnitt, 1963

Tiefenwirkung durch Staffelung

Räumliche Wirkungen von Farbflächen

Welche Farbe ist naheliegend?

Bei dem immerwährenden Problem, eine dreidimensionale Szene in ein zweidimensionales Bild zu übertragen, kann man die Farbe ganz bewußt für die räumliche Wirkung einsetzen. Es geht darum, daß manche Farben weiter vorn liegend als andere erscheinen. Solche Beobachtungen sind jedoch nicht eindeutig, wie sich bei verschiedenen Untersuchungen gezeigt hat.

Ob eine Farbe sich nach vorne zu drängen scheint, hängt in besonderem Maß von ihrer Fähigkeit zur Aufmerksamkeitserregung ab. Es ist nicht zufällig, daß ge-

rade einem mittleren Rot diese Fähigkeit immer wieder zugesprochen wird.

Das attraktive Rot

Hier sind jedoch verschiedene Faktoren gleichzeitig wirksam. Mit Sicherheit spielen die Eigenhelligkeit der beteiligten Farben sowie die nähere Umgebung bzw. der Hintergrund eine Rolle. In vielen Fällen provoziert bereits der Bildaufbau den Effekt von Raumtiefe, besonders, wenn Perspektiven und Isometrien beteiligt sind. Für sachliche Untersuchungen ist es aufschlußreich, bei der gleichen Zeichnung die Farben auszutauschen und die Ergebnisse zu vergleichen. Da eigene Assoziationen bei der Farbwahrnehmung immer miteinbezogen werden, sind auch hier keine eindeutigen, für alle Fälle gültigen Rezepte greifbar.

Rot hat die Tendenz, in den Bildvordergrund zu drängen. Dies stimmt oft, aber nicht immer.

Welche Farbe kommt nach vorne? ▷
(Ausschnitte aus einem Amish Quilt, ca. 1875)

Wirklichkeit, Fotografie und Kunst

Stimmt denn überhaupt nichts?

Keiner dieser drei Bereiche kann für sich in Anspruch nehmen, beim Betrachter ein objektives Bild zu vermitteln. Am ehesten wird dies der tatsächlichen, uns umgebenden Wirklichkeit zuerkannt. Die subjektiven Veränderungen der Sinneseindrücke sind jedoch immer vorhanden, auch wenn sich der Betrachter dessen nicht bewußt ist. Wahrnehmung ist Selektion durch das Gehirn, und als Ergebnis entsteht ein inneres Bild, das mit der Realität nicht übereinstimmen muß.

Auch die Fotografie ist keinesfalls objektiv, obwohl gerade ihr ein dokumentarischer Charakter zugesprochen wird. Nur in Ausnahmefällen entspricht die Fotografie dem Abbild auf der Netzhaut: Das Objektiv müßte dann in der Tiefenschärfe und im Winkelbereich genau mit dem Sehbereich der Augen übereinstimmen. Aber das kann am Fotoabzug niemand mehr feststellen.

Die zwei Wirklichkeiten in der Malerei

Zwei oder drei Dimensionen?

Es war für den Menschen schon immer faszinierend, Seherlebnisse festzuhalten. Die frühesten Zeugnisse der Höhlenmalerei sind über 30000 Jahre alt und bis heute überzeugend.

Auch nach der Erfindung der Fotografie und der elektronischen Medien bleibt das Interesse am gemalten Bild ungebrochen. Dabei muß der Maler in jedem Fall akzeptieren, daß sein Bild in wichtigen Punkten nicht dem beobachteten Sujet entsprechen kann. Ein Landschaftsmaler, der vor Ort malt, muß zunächst einen Ausschnitt festlegen und mit seinen Bildproportionen in Einklang bringen. In den meisten Fällen wird das Motiv deutlich im Maßstab reduziert. Der wesentliche Schritt beim Maler ist jedoch die Übertragung der dreidimensionalen Umwelt auf die Fläche des Bildes.

Oder doch nicht? Der Sinneseindruck auf der Netzhaut ist nämlich flächig. Muß also der Maler nur dieses Abbild übertragen? Das wäre wohl der einfachere

Weg, wenn da nicht bei jeder Entscheidung das Bewußtsein mitspielen würde. Der ganze Prozeß des Malens bedingt eine mehrfache Umkehr der Dimensionen:

Die Szenerie ist plastisch.

|

Der Netzhautreflex ist flächig.

|

Das Gehirn rekonstruiert daraus ein räumliches Bild.

|

Diese räumliche Vorstellung hat der Maler wieder auf die flächige Darstellung zu reduzieren.

|

Dieses flächige Bild wird vom Betrachter dann wiederum räumlich interpretiert.

Eine gemalte Rose

Das erscheint auf den ersten Blick sehr einfach. Man muß nur eine Rose aufstellen und sie abmalen. Tatsächlich laufen hier jedoch differenzierte Prozesse ab, und zwar im Verhältnis von Sehen und Wahrnehmen, von räumlicher Existenz und flächiger Darstellung, von Licht- und Körperfarben.

Eine Anekdote

Ein Maler sieht eine rosa Rose = Meldungen der Netzhaut an das Gehirn ...

Der Maler reflektiert die Sinneseindrücke und interpretiert sie seinerseits: Die Impulse durch die Lichtfar-

P. v. Kalckreuth, Foto einer Reproduktion (auf einem Flohmarkt gefunden), ca. 1900

ben müssen in Körperfarben umgesetzt werden. Der Farbeindruck wird nachgemischt (= subtraktive Farbenmischung). Der Farbauftrag entspricht den Sehimpulsen und erzeugt beim Betrachter dieselben Empfindungen (= additive Farbenmischung). In Erinnerung an vorausgegangene Erfahrungen registriert das Bewußtsein: Das ist eine Rose, und die Farbe ist rosa.

Die doppelte Korrektur

Ein Maler steht mit seiner Staffelei am Meeresstrand. Das Meer ist horizontal, die Staffelei jedoch vertikal. Der Maler meint zu malen, was er sieht, aber er korrigiert die Bildebenen immer, wenn er vom Motiv zur Leinwand – und umgekehrt – blickt: er malt das Meer senkrecht. Dasselbe passiert beim Betrachter, wenn das Bild dann an der Wand hängt. Denn niemand glaubt, daß das Meer senkrecht ist.

Farbenmischungen im Auge

Nebeneinander und nacheinander

Das visuelle Wahrnehmungssystem ist außerordentlich leistungsfähig, aber irgendwo muß es an die Grenzen der Differenzierung stoßen. Das passiert, wenn kleine Elemente einer Vorlage so nahe zusammenliegen, daß sie nicht mehr einzeln registriert werden. Es entsteht eine Mischfarbe. Dasselbe ist bei einer sehr raschen Bildfolge zu beobachten. In beiden Fällen handelt es sich um eine additive Mischung.

Optische Mischungen, nebeneinander

Die Illusion der Halbtöne

Mittlere Werte entstehen sowohl bei Hell-Dunkel-Werten als auch bei farbigen Elementen, und zwar gleichzeitig. Schwarze Punkte auf weißem Papier mischen sich im Auge je nach Flächenanteilen zu einem mittleren Grau, und gelbe Elemente mischen sich mit blauen zu einem grünen Mischton (der auch in der Helligkeit zwischen den beiden Ausgangsfarben liegt).

Neben der Feinheit der Elemente spielt die Entfernung eine wichtige Rolle, so daß man besser von der Geometrie des Sehwinkels als von Größenverhältnissen ausgeht (der Mensch vermag bei einem Sehwinkel von weniger als einem Grad nicht mehr zu differenzieren).

Durch unterschiedliche Dichte und Größe der Rasterpunkte ergeben sich – zusammen mit dem unbedruckten Papierweiß – unterschiedliche Grautöne als optische Mischung. ▷

So entstehen Farbenmischungen im Auge.

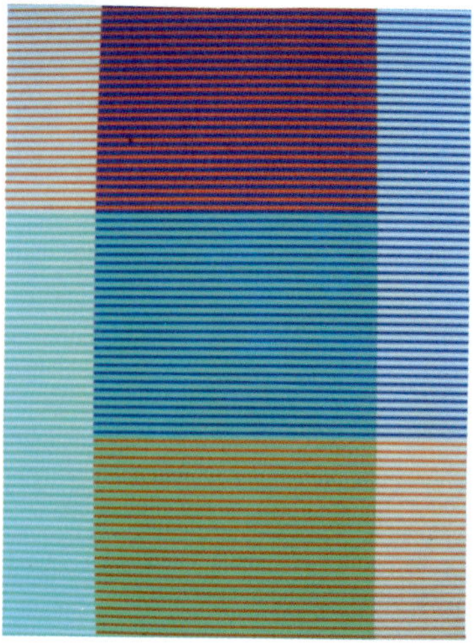

Optische Mischungen, nacheinander

Die Überlistung

Die Retina baut ein Bild in Bruchteilen einer Sekunde auf (und für ein neues Bild wieder ab). Der sehr komplexe chemische Prozeß in der Retina erreicht die Grenze des Einzelbildsehens bei 18 Motiven je Sekunde. Bei noch kürzeren Intervallen entsteht auch bei der Aneinanderreihung von Einzelbildern scheinbar eine Bewegung.

Das Auge und die Filmkamera

Der Trick beim Film

Durch das rasche Aneinanderreihen von Einzelbildern mit nur kleinen Unterschieden entsteht im Auge ein fließender Übergang mit kontinuierlichen Abläufen. In der Film- und Fernsehtechnik wird damit das Auge überlistet und dadurch ein bewegtes Bild erreicht. Die Intervalle müssen kürzer sein als die Unterscheidungsfrequenz beim Sehen. In der Filmaufnahme und -vorführung sind es 24 Bilder je Sekunde, beim Fernsehen gibt es unterschiedliche Systeme, die zum Teil mit noch kürzeren Frequenzen arbeiten. Die Bilder selbst bewegen sich nicht, sondern werden ruckartig in Sekundenbruchteilen nacheinander aufgebaut. Das Sehvermögen wird durch die kurzen Intervalle getäuscht, so daß es dem Gehirn fließende Bewegungen meldet.

Kurz nacheinander: wie gleichzeitig

Nochmals additiv

Werden bei Film- und Fernsehaufzeichnungen unterschiedliche Farben sehr kurz hintereinander geschaltet, so entsteht die jeweilige additive Mischfarbe. Bei kontinuierlicher Intervallbeschleunigung geht das Erkennen von unterschiedlichen Einzelbildern nach einem Flackern über in die additive Mischfarbe: rote und grüne Felder erscheinen gelb.

> Viele Mischungen entstehen erst im Auge.

›Tachiskop‹, von Hand betriebene rotierende Scheibe mit Lichtblitzen vermittelt den Eindruck von Bewegung (ein Vorläufer des Films).

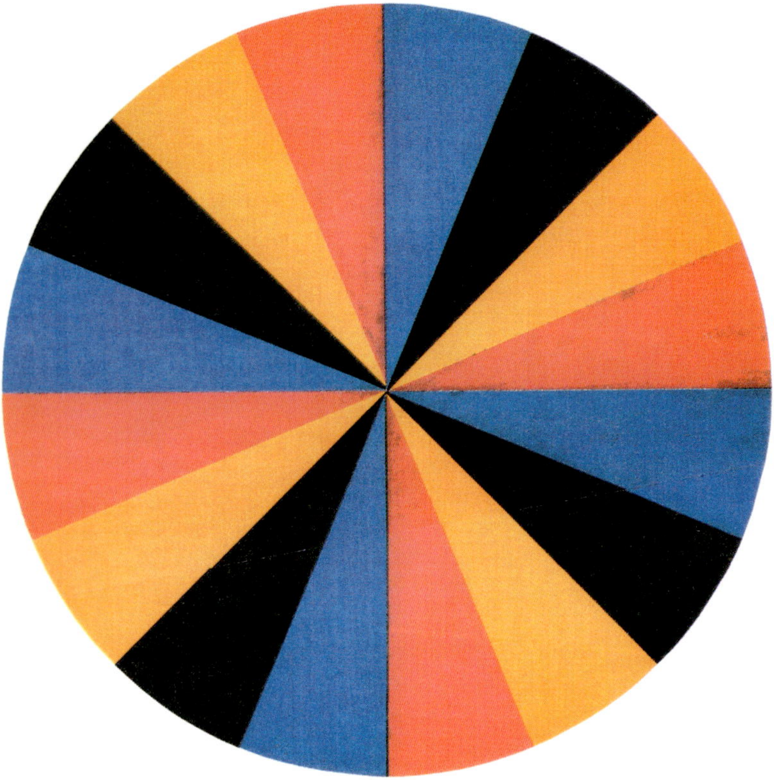

Farbkreisel als Vorlage für Videoaufzeichnungen

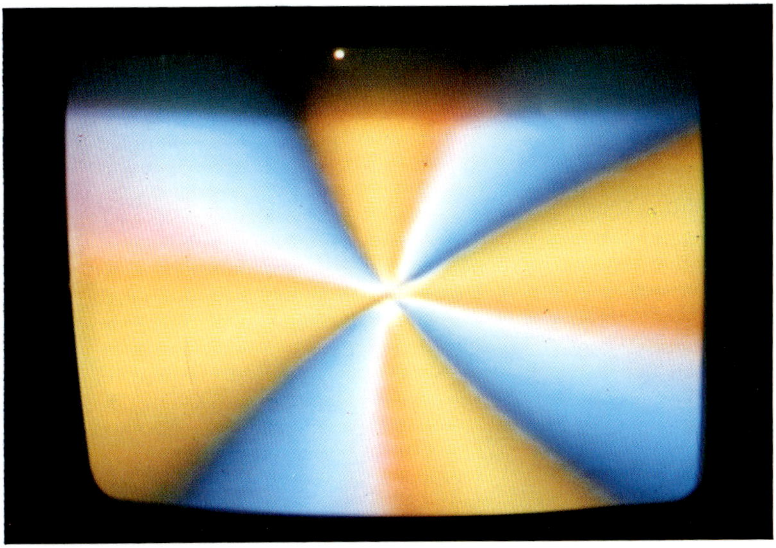

Video-Aufzeichnung des rotierenden Kreisels. Bei zunehmender Tourenzahl entstehen optische Mischungen, weil das Auge die einzelnen Felder nicht mehr differenzieren kann. Dabei kann man die unterschiedlichen Geschwindigkeiten der inneren und der äußeren Zonen im Mischergebnis beobachten.

Farbphänomene

Das unruhige Auge

Es gibt Muster, die im Auge unvorhersehbare Bilder hervorrufen. Diese Beobachtungen wurden vor allem im 19. Jahrhundert untersucht und führten zu verschiedenen physiologischen Theorien. Bei einigen geometrischen Mustern ist es angebracht, von optischen Täuschungen zu reden. Es gibt besonders im Bereich des Farbensehens Erscheinungen, die nicht erklärbar sind. Allen gemeinsam ist dabei die Tatsache, daß sie bei jeder Person in gleicher Weise auftreten und daß sie beliebig wiederholbar sind.

Scheinbare Bewegungen

Der Flackereffekt bei geometrischen Mustern

Bei bestimmten regelmäßigen geometrischen Mustern ist es für das Auge schwierig, sich festzulegen. Eine mögliche Erklärung für den Effekt des ›Flackerns‹ beruht auf der Beobachtung, daß der Mensch nicht in der Lage ist, die Augen völlig ruhig zu halten. Dadurch entstehen besonders in Übergangszonen von Schwarz-Weiß-Mustern scheinbare Bewegungen. Sie werden zwar vom geometrischen Muster provoziert, vollziehen sich aber erst beim Sehvorgang.

Fast alle Bewegungen setzen sich nach einer intensiven Beobachtung auch als Nachbilder fort.

> Das Auge muß sich immer etwas bewegen, um zu neuen Informationen zu gelangen.

Absolut gleiche Muster veranlassen die Augen zur Bewegung – und man meint, das Muster bewege sich. ▷

Die grünen Streifen scheinen zu fließen.

Bekannter Bewegungsstimulus ▷

Können Sie ruhig hinschauen?

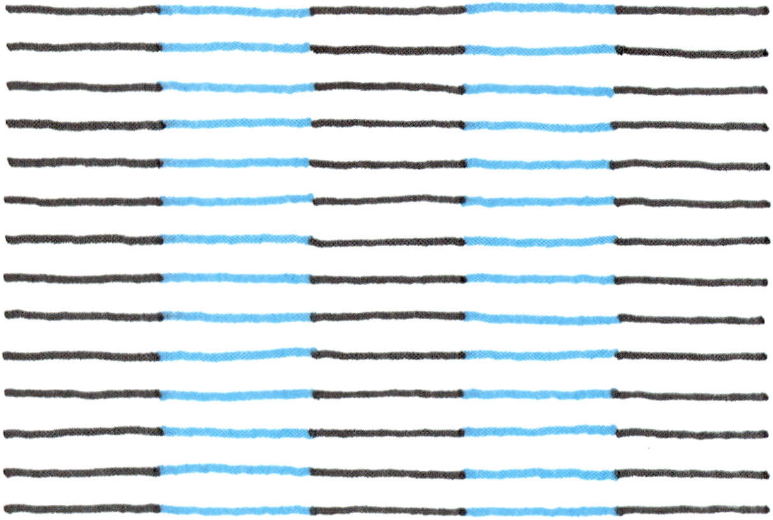

Sehen Sie auch hellblaue und rosarote Streifen?

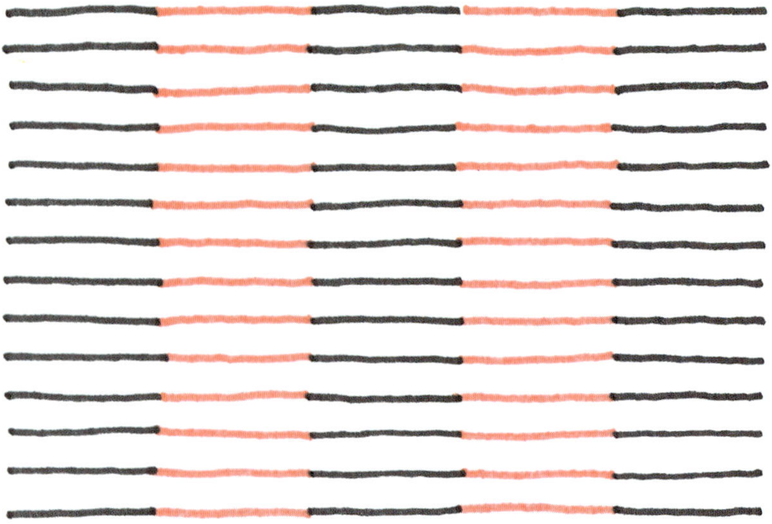

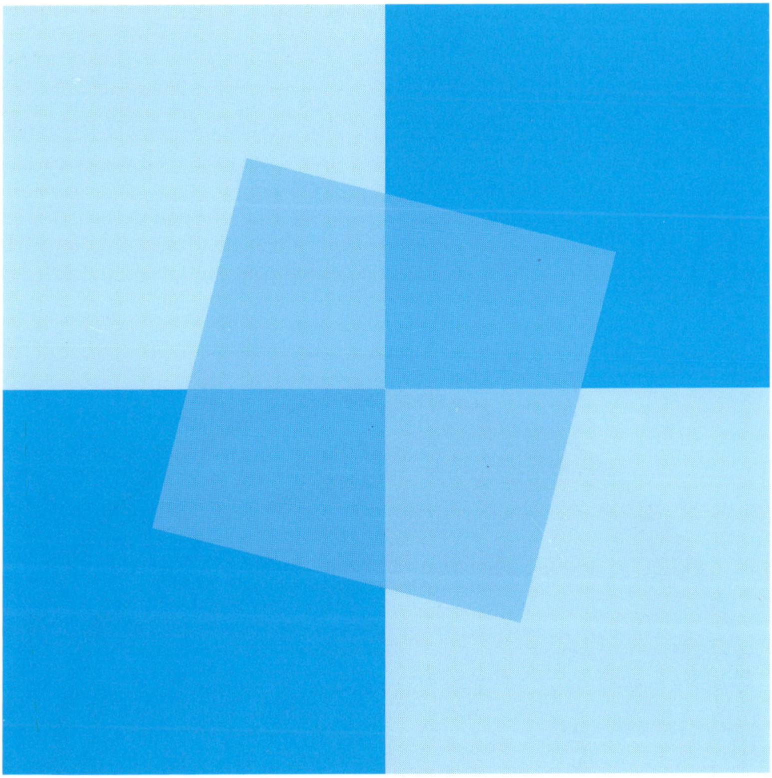

Die mittleren vier Farbfelder werden als Quadrat gesehen, eine transparente Fläche wird als wahrscheinlich angenommen. Es fällt schwer, nur unterschiedliche geometrische Flächen zu akzeptieren.

Farben, die gar nicht vorhanden sind

Es gibt eine ganze Reihe von Mustern, bei denen Farben gesehen werden, die in der Vorlage gar nicht vorhanden sind, also erst beim Sehen erzeugt werden. Besonders interessant sind Farberscheinungen beim Betrachten von Schwarz-Weiß-Vorlagen. Die meisten Beobachtungen gehen ins 19. Jahrhundert zurück und können, obwohl auch sie bei allen Beobachtern gleich auftreten, nicht erklärt werden. Auffallend ist, daß dabei immer wieder die Farbe Rosa beteiligt ist.

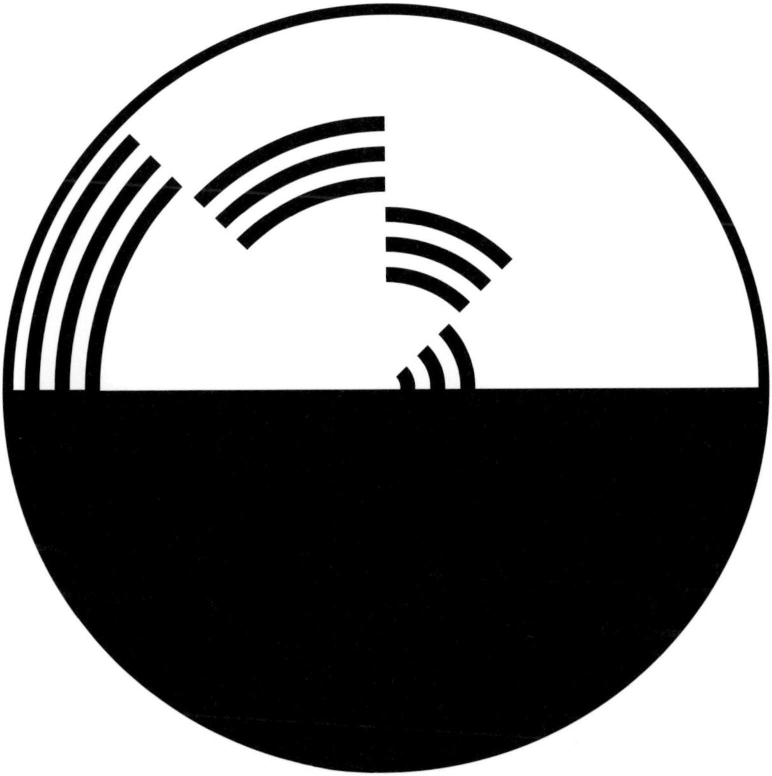

Benhams ›Wheel‹ von 1894. Bei der Drehung sieht man Farben, die nicht im Muster enthalten sind. Dreht man den Kreisel in entgegengesetzter Richtung, dann ist auch die Farbreihenfolge umgekehrt. Dafür gibt es keine Erklärung.

Die einfarbigen Streifen werden an den Rändern zu größeren Kontrasten gesteigert, wodurch ein Verlauf entsteht.

Farbige Schatten

Zwei Versuche

Zu unerklärlichen Farberscheinungen können Farbprojektionen führen. Dazu hat Edwin Land, der Erfinder der Polaroid-Kamera, interessante Vorführungen gemacht. Er benutzte Diapositive, die aber nicht wie üblich auf dem Dreifarbensystem aufgebaut waren, sondern mit zwei Farben (durch Filter) entstanden. Bei der Vorführung mit zwei Projektoren und entsprechenden Filtern zeigte sich ein überraschender Farbenreichtum, der nicht allein auf die zwei verwendeten Farben zurückzuführen war. Besonders wirklichkeitsnah zeigten sich gegenständliche Motive. Selbst bei der Verwendung von nur einem Farbfilter vor einem Projektor und einem zweiten Projektor mit weißem Licht entstanden Farben, die so nicht aus den Projektoren kamen.

Ähnliche Beobachtungen kann jeder selbst machen. Man benötigt dazu zwei Projektoren mit je einem Farbfilter (als solcher kann eine Farbfolie in einem Diarähmchen dienen) sowie einen schlanken Gegenstand zwischen den Projektoren und der weißen Wand. Dabei wird ein Farbeffekt wahrgenommen, der nicht projiziert wird: ein grüner und ein weißer Lichtkegel erzeugen dort einen rosa Schatten, wo eine weiße Stelle sein müßte. Dieses Phänomen beruht nicht auf einer (eigentlich naheliegenden) Simultanwirkung im Auge, denn der Effekt läßt sich fotografisch festhalten und ist auch bei der Betrachtung durch eine Röhre vorhanden.

Wie wirklich ist die Wahrnehmung?

Bild oder Abbild?

Mit unserem visuellen System machen wir uns ein Bild von der Umwelt. Inwieweit dieses Bild mit der Realität übereinstimmt, kann niemand mit Sicherheit sagen: wir sind gleichzeitig Versuchspersonen und Beobachter. In unserem Gehirn werden die eintreffenden Informationen geordnet, interpretiert, d. h. wahrgenommen, und mit diesem Bewußtsein stellen wir unsere Fragen.

Der Dualismus Körper – Geist wird immer ein Rätsel bleiben. Es stellt sich die Frage, ob es auch noch eine Seele gibt. Oder spielt sich alles nur in den zwei unterschiedlichen Gehirnhälften ab? Die Anhänger des Positivismus vertreten die Ansicht, daß die Realität nur im Bewußtsein existiert.

Für die visuelle Wahrnehmung stellt der Mensch den kompliziertesten Apparat bereit.

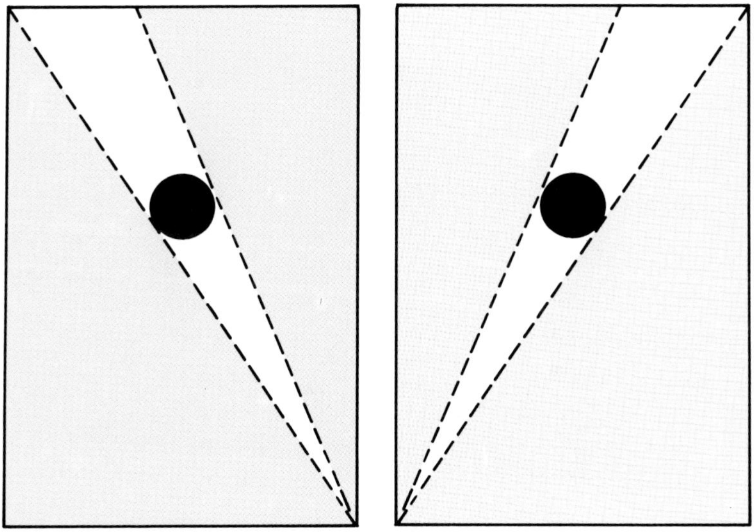

Grünes Licht Weißes Licht

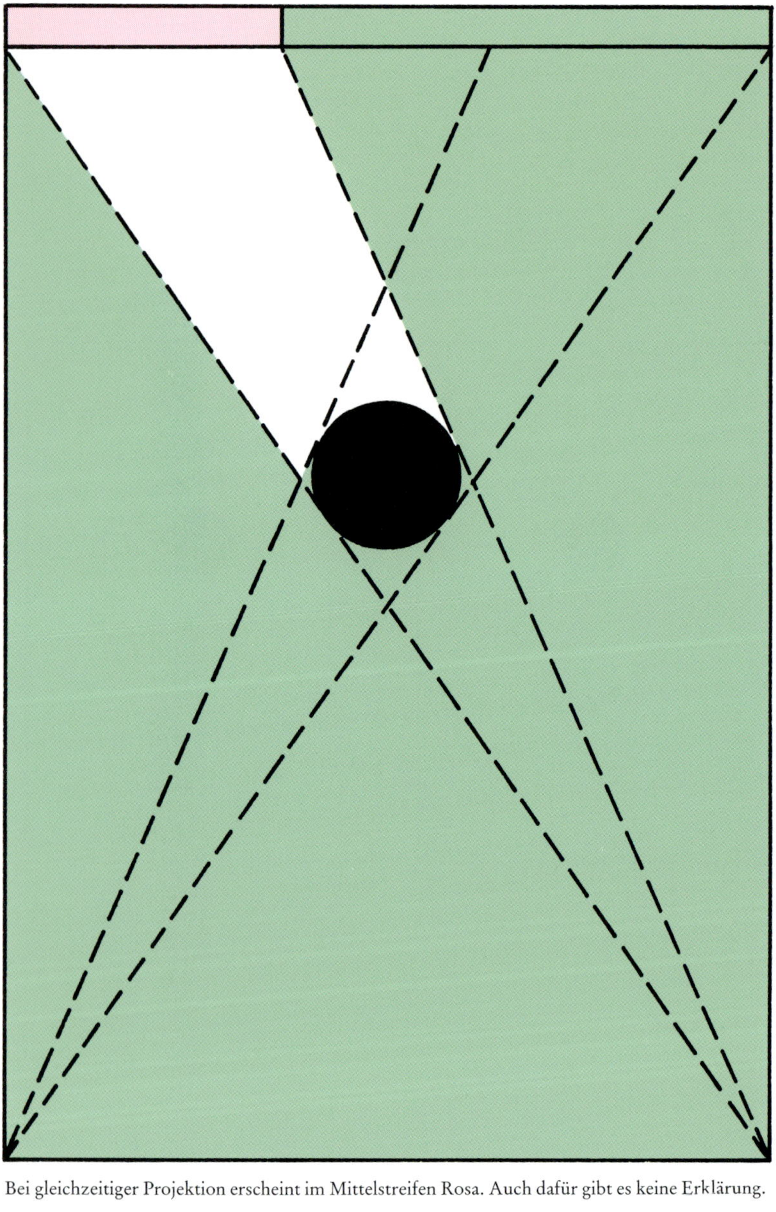

Bei gleichzeitiger Projektion erscheint im Mittelstreifen Rosa. Auch dafür gibt es keine Erklärung.

Nochmals ein Phänomen ohne Erklärung: Warum erscheint beim Drehen der graue Streifen rosa?

Farbharmonien

»Harmonie: 1. als wohltuend empfundene innere und äußere Übereinstimmung: Einklang; Eintracht. Gegensatz: Disharmonie. 2. ausgewogenes, ausgeglichenes, gesätzmäßiges Verhältnis der Teile zueinander; Ebenmaß (Architektur, bildende Kunst). 3. wohltönender Zusammenklang mehrerer Töne oder Akkorde (Musik).« (Definition im Duden, Fremdwörterbuch)

Wie subjektiv sind Harmonien?

Was ist schön?
Und wer hat recht?

Eine »wohltuende Empfindung« ist ein sehr persönliches Erlebnis, das kaum beschrieben und noch weniger einer anderen Person genau vermittelt werden kann. Dabei besteht ein offensichtliches menschliches Bedürfnis nach Harmonie. Das macht sich bei der Kleidung, bei der Wohnungseinrichtung und vielen alltäglichen oder längerfristigen Entscheidungen bemerkbar, die im Bereich der Farben zum größten Teil spontan getroffen werden. Man redet dabei von Geschmack. Und über Geschmack läßt sich bekanntermaßen nicht streiten. Aber lassen sich dennoch Gemeinsamkeiten feststellen?

Es gibt durchaus Übereinstimmungen. Wo sich gar Mehrheiten finden lassen, ist es naheliegend, nach Gesetzmäßigkeiten zu fragen, die wiederum zu allgemein anerkannten Harmonieregeln führen können. Harmonien gibt es beispielsweise in der Musiklehre, und vielleicht muß man die Harmonielehre der Musik nur sinngemäß auf die Malerei übertragen, um zu ähnlichen Gesetzmäßgkeiten zu gelangen?

Musik und Malerei?

Die wohltemperierte
Palette?

Die Harmonielehre der Musik ist seit drei Jahrhunderten gefestigt und anerkannt. Sowohl Noten wie auch Instrumente sind auf dem Oktavsystem aufgebaut. Johann Sebastian Bach hat mit dem ›Wohltemperierten Klavier‹ 1722 ein Standardwerk geschaffen, das bis heute Gültigkeit besitzt und hohes Ansehen genießt. Die bahnbrechende Idee hatte der Organist und Musiktheoretiker Andreas Werckmeister, der 1691 die Oktave in zwölf gleichabständige Halbtöne unterteilte. Mit diesem System können sämtliche Dur- und Moll-Tonarten moduliert und musikalisch genutzt werden. Es stellt eine perfekte Harmonielehre dar, mit der sich Akkorde wie Terzen, Quarten und Quinten aufbauen lassen, wobei immer der oberste Ton die Melodie ergibt. Das System ist so sensibel, daß man Abweichungen von weit weniger als einem Halbton sofort als Mißton empfindet.

Frequenzen beim Hören und Sehen

Immer wieder haben Maler und Farbentheoretiker versucht, die musikalische Harmonielehre auf die Farben der Malerei zu übertragen. Es ist naheliegend, die Frequenzen zu vergleichen, indem man die Oktave dem Farbenkreis gleichstellt. In der Praxis hat sich jedoch gezeigt, daß sich Farbharmonien nicht in Zahlen festlegen lassen. Die verschiedenen Versuche führten nur zu unverbindlichen und nichtssagenden Ratschlägen. Nicht einmal über eine Disharmonie in der Farbgestaltung konnte man sich einigen.

Dazu Josef Albers

Es gibt durchaus auch Dissonanzen

Josef Albers hat in seiner abstrakten Malerei sehr wohl Harmonien erzeugt und damit eine breite Anerkennung gefunden. Als Lehrer und Theoretiker sagte er aber zum Problem der Harmonielehre in der Farbgebung: »Kein mechanisches Farbsystem ist flexibel genug, die vielfältigen Einflußfaktoren im voraus in einem Rezept zu erfassen.« Er fand sich auch nicht mit dem Begriff der Disharmonie ab, wenn er sagte: »Indem wir die Vorliebe für Harmonien aufgeben, erkennen wir die Dissonanz als ebenso wünschenswert wie die Konsonanz.«

›Homages to Josef Albers‹, Farbseminar an der Fachhochschule Darmstadt (Studien zum Thema ›Interactions of Color‹ mit 8 von 24 möglichen Konstellationen)

Trotzdem Harmonieregeln

Gefühle statt Zahlen

Wenn es auch keine in Zahlen erfaßbaren Harmonieregeln für Farben gibt, so kann man doch Erfahrungen zusammentragen, die weitgehenden Übereinstimmungen entsprechen. Diese sind weder verbindlich noch zeitlos und können erst recht keinen Absolutheitsanspruch erheben. Sie sind eher als Reflexionen über einen Bereich zu verstehen, der schwer erfaßbar ist, da er auf Emotionen und persönlichen Beobachtungen beruht.

Ordnung muß sein

In Beruf und Freizeit

Es mag mit unseren Zivilisationsregularien zusammenhängen, daß logische Abläufe als unproblematisch eingestuft werden und dadurch auch harmonisch wirken. Schließlich sind die meisten unserer Handlungen einem Ordnungssystem unterworfen: wir richten uns nach Fahrplänen und Verkehrsampeln, Arbeitszeiten und Hierarchie-Ritualen. Davon ist vielfach auch die Freizeit betroffen, ob beim Tennis oder Golf, Skat oder Schach.

Die ordentliche Reihenfolge

Der beliebte Regenbogen

Die bekannteste Reihenfolge von Farben ist uns vom Spektralband bzw. Regenbogen, aber auch vom Farbenkreis her bekannt. Es handelt sich dabei um sachlich festgelegte Aneinanderreihungen. Jede Abweichung wird als Störung empfunden.

Harmonische Reihen

Farbfamilien

1. Gesättigte Farben im Sinn des Spektralbandes oder des Farbenkreises.

2. Modulationen von gesättigten Farben nach Schwarz, Weiß oder verschiedenen Graustufen.

3. Mischreihen zwischen zwei Farben.

4. Mischtabellen mit drei Farben.

Harmonie oder Spannung?

Muß Ordnung sein?

Diese Reihen (oder Teile daraus) sind so geläufig, daß sie sich relativ risikolos benutzen lassen. Dabei werden keine echten Farbentscheidungen getroffen, sondern es wird lediglich aus bekannten Mustern ausgewählt. Die Ergebnisse sind entsprechend ähnlich und gehen nicht unter die Haut.

Es sind aber gerade die Abweichungen von jeder Norm, die Interesse und Neugier erwecken. Ein versierter Designer muß über beide Entscheidungswege verfügen können: den gewohnten und den innovativen.

> »Regeln für die Innehaltung und die Abweichung.«
> Paul Klee

Der Regenbogen als Vorbild

Apple Computer

Systematische Reihe = Harmonie

Freie Anordnung = Spannung

Zweifarbenbereiche ▷

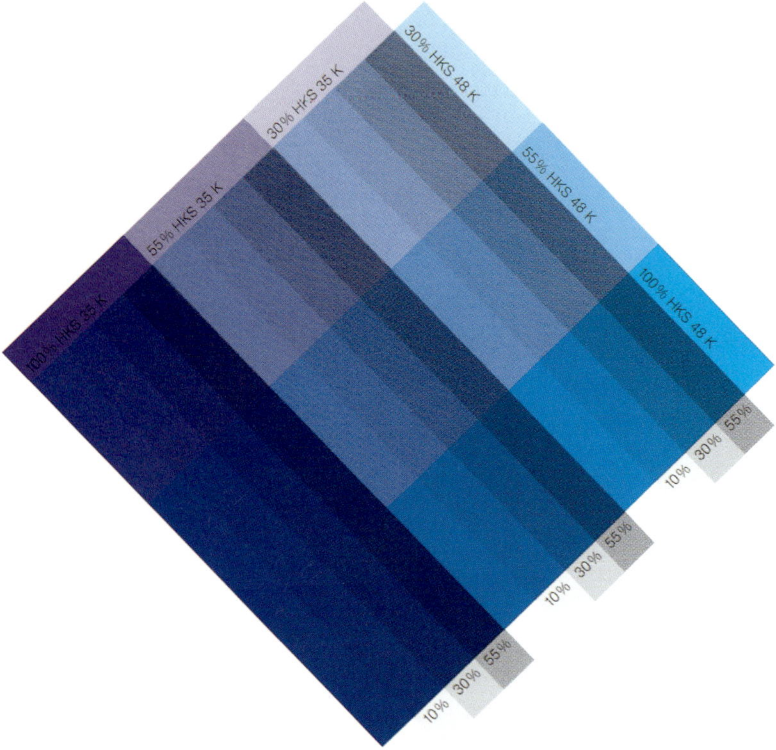

Das Repertoire von zwei bunten Farben plus Schwarz

Die Indianer Boliviens haben 200 Namen für unterschiedliche Grüntöne ▷

Systematische und zufällige Anordnung

Arrangements von einem Designer und von einem Amateur

Fundsachen ▷

Gibt es Disharmonien?

Probieren!

Disharmonien beruhen weniger auf Abweichungen von einer Harmonieregel als vielmehr auf falscher Anwendung. (Kombinationen von Farbmustern sind ohnehin nicht sehr aussagestark.) Es ist schließlich ein Unterschied, ob zu einem Hemd die passende Krawatte ausgesucht wird, oder ob eine Hausfassade gestrichen werden soll. Das sind sehr unterschiedliche Ausgangspositionen, sowohl in Größe und Material als auch in der Dauer der Betrachtung.

Sicher gibt es Fehlgriffe mit Farben, deren Kontrast als ›beißend‹, als disharmonisch empfunden wird. Aber bei bewußten Entscheidungen – zum Beispiel im Designbereich – kann es gerade die Absicht sein, Konventionen durch neue Seherlebnisse aufzubrechen (die dann wieder zur Konvention werden können). Auch im persönlichen Bereich sollte man sich ab und zu die Frage stellen, ob man sich nicht zu sehr auf eingefahrenen Gleisen bewegt.

Was ist Kitsch?

Jedem das Seine

›Kitsch‹ läßt sich weder definieren noch übersetzen. Immerhin gibt es Bereiche, die generell eine eigenartige Farbgebung haben. Auf einem Jahrmarkt dominieren grelle Farben in außergewöhnlichen Kombinationen, aber sie stören dort nicht. Und im Spielsalon herrscht auch nicht gerade farbliche Zurückhaltung.

Bei der Frage nach dem spezifischen Farbengeschmack darf man auch soziokulturelle Umstände, unter denen ein Mensch aufwächst, nicht außer acht lassen. Auch so äußere Faktoren wie Klima und Licht spielen bei der Beurteilung mit.

Emotionen durch Farben

Ein vergnügender Eindruck

Wie Farben unsere Gefühlswelt beeinflussen, wird uns vor allem durch dichterische Darstellungen bewußt gemacht.

Goethe schreibt in der Einleitung zu ›Beyträge der Optik‹ über ›Die Reize der Farben‹: »Gegen die Reize der Farben, welche über die ganze sichtbare Natur ausgebreitet sind, werden nur wenige Menschen unempfindlich bleiben. Auch ohne Bezug auf Gestalt sind diese Erscheinungen dem Auge gefällig, und machen an für sich einen vergnügenden Eindruck. Wir sehen das einfache Grün einer frisch gemähten Wiese mit Zufriedenheit, ob es gleich nur eine unbedeutende Fläche ist, und ein Wald thut in einiger Entfernung schon als einförmige Masse unserem Auge wohl.«

Farben-Symphonie

Fast ein Zeigenosse

In der Ausdrucksweise des frühen 19. Jahrhunderts beschreibt Balzac die Wechselwirkung von Farben und Gefühlen:

»Dieser Seelenzustand entspricht der Heftigkeit des Gefühls. Die Wirkung dieser Krise ist etwa der vergleichbar, die ein klarer Himmel hervorbringt. Die Natur scheint beim ersten Blick von einem Gazeschleier überzogen zu sein, der Azur des Firmaments erscheint schwarz, und das grellste Licht hat etwas von Finsternis...

Diese vollkommene Harmonie brachte eine Farben-Symphonie zustande, die die Seele mit unsäglichen schweifenden Vorstellungen von höchster Wollust erwiderte.«

(Diese Beschreibung bezieht sich auf eine Wohnungseinrichtung.)

Farbenfreude

Kitsch oder Kult?

Vor allem im Freizeitbereich findet man ungewöhnliche Farben und Farbkombinationen. Sie sind zum Kennzeichen von Jahrmärkten und Spielsalons geworden und werden dort auch akzeptiert. So manches Stück, das zunächst als Trivialdesign belächelt wurde, ist später zum Liebhaberobjekt geworden.

Kitsch oder Kunst?

Farbe in Design und Mode

Diktat oder Trend?

Angebot und Nachfrage

»Der manipulierte Käufer« – so lautete ein Schlagwort der 60er Jahre. Aber kann man in einer freien Marktwirtschaft überhaupt manipulieren? Die unterschiedlichen Auffassungen darüber haben durchaus politische Implikationen und sind deshalb von vornherein nicht neutral. Auf keinen Fall darf man dabei die freie Entscheidung des Käufers ignorieren. Ganz frei ist er natürlich nicht, denn er kann nur aus einem bestimmten Angebot auswählen.

Männerthema Nr. 1: das Auto

Wieviel PS?
Welche Farbe?

Wer sich für einen bestimmten Autotyp entschieden hat, wird beim Kauf nach der Farbe gefragt. Der Käufer besitzt die Wahlmöglichkeit innerhalb einer Palette, und wenn er Glück hat, sieht er nicht nur eine kleine Farbenprobe, sondern das Original. Wie individuell ist die Entscheidung tatsächlich? Oder: kann der Käufer nicht vielmehr den Hersteller manipulieren als umgekehrt?

Der Prozeß ist leicht zu verfolgen. Zur Zeit werden die Farben für die Produktion des nächsten Jahres vorgeschlagen und ausgewählt. Da der Hersteller sein Produkt natürlich verkaufen will, ist er daran interessiert, den Geschmack des Käufers zu treffen. Innerhalb dieses Angebots hat nun der Käufer das Sagen über Favoriten oder Ladenhüter. Um das Risiko einer Farben-Vorhersage zu vermeiden, sind einige Hersteller inzwischen dazu übergegangen, nur noch nach Bestellung zu produzieren. Der Konsument hat den Produzenten überholt.

Die Farbe des Jahres

Von Gelb über Weiß nach Schwarz

Die meisten Autofahrer können rückblickend für die Wahl ihrer Autofarben einen Zeitraum von zehn Jahren überblicken. In den 80er Jahren waren zunächst kräftige Farben gefragt (sogar das ›Postgelb‹ konnte Einzug halten); danach dominierte Weiß, später Metallic-Grau, und heute ist es Schwarz. Zugleich ist der Designer schon wieder auf der Suche nach den Farben des nächsten Jahres. Er will nicht den Käufer manipulieren, sondern akzeptable Vorschläge bereitstellen. Diese sollen über die jetzigen Vorstellungen hinausgehen und auch Neuheiten offerieren (durch Meinungsumfragen lassen sich nur rückwirkende Vorlieben feststellen).

Und der Lippenstift?

Ähnliches gilt für das Frauenthema Nr. 1: die **Mode.** Das Zusammenspiel von Angebot und Nachfrage ist hier noch spontaner, weil die Mode ganz besonders den persönlichen Geschmack zum Ausdruck bringt und der ständige Wechsel einem tiefliegenden Bedürfnis nach Abwechslung entspricht. Das kann jeder in seinem Kleiderschrank selbst beobachten (bei Männern sind es lediglich die Hemden und – vielleicht noch – die Krawatten). Die Farbentrends gehen bei Frauen bis in den sehr persönlichen Bereich des Make-up und des Hair-Design. (Bei Anzeigen und Modefotos kann man fast auf ein Jahr genau deren Entstehungsjahr feststellen.)

Sicher ist nur der Wechsel

Daß der Farbengeschmack ständig wechselt, ist leicht zu belegen. Es gibt typische Farben für die 30er oder 50er Jahre usw., und rückblickend eines Tages auch für die 90er. Wir werden sehen.

Hersteller und Konsument: Wer manipuliert wen?

Die 60er Jahre im Farbenrausch (1967)

Und die Gegenreaktion (1983)

Farben-Philosophien

Individuen in Gruppen

Unabhängig von Zeitströmungen ist jeder einer Gruppe zugehörig – auch wenn er das nicht wahrhaben will. Der Gruppengeschmack ist charakterisiert durch gemeinsame Auffassungen, die auch den Farbengeschmack bestimmen können. Diese Übereinstimmung ist den Beteiligten oft weniger bewußt als Außenstehenden.

Ein herausragendes Beispiel stellte die Flower-Power-Bewegung im Kalifornien der 60er Jahre mit ihren faszinierenden Psychedelic-Farbstimmungen dar, die typisch für eine ganze Ära waren.

Ganz im Gegensatz dazu verfolgte die Hochschule für Gestaltung Ulm in der gleichen Zeit das Prinzip, auf jede Farbe zu verzichten und lediglich ein unauffälliges Grau zu tolerieren, das von den Anhängern dieser Designrichtung bis heute hochgehalten wird (das Gruppenverhalten ging bis zum grauen Anzug mit grauem Hemd und grauer Krawatte).

Längerfristig ist die Farbauffassung von Rudolf Steiner und den Antroposophen zu sehen, die, geprägt von den Vorstellungen des beginnenden 20. Jahrhunderts, ihre Schwerpunkte im Lila-Rosa-Bereich setzten. In den 80er Jahren haben Lesben- und Schwulengruppen ähnliche Farben für ihre Selbstdarstellung benutzt.

VIPs und Yuppies als Trendsetter

Zeitgeist

Wer ›in‹ sein will, möchte das auch äußerlich zum Ausdruck bringen. Um dabei zu sein, ist es heute z. B. undenkbar, in einem farbigen Auto vorzufahren und ein getöntes Hemd zu tragen. Wer dazugehören will, muß sich ständig dem Trend anpassen, bei dem nicht auszumachen ist, wer hier Maßstäbe setzt. Aber die Auffassungen ändern sich schnell, und wer dabei sein will, muß sich anpassen (und wird doch gleichzeitig diese Haltung des Anpassens entschieden von sich weisen).

Beige 23 (– 2)
Grau 12 (+ 5)
Blau 10 (+ 3)
Grün 18 (– 3)
Braun 22 (– 4)
Gelb 5 (+ 2)
Rot 2 (– 1)
Rosa 7 (– 1)
Orange 1 (–)

Statistik der Farben aller verkauften Tapeten (in Prozenten) 1984/85, mit Zu- und Abnahme im Vergleich zur Statistik 1982/83

Die eigene Wohnung, ganz persönlich

Mit dem Auto und mit der Kleidung hat jeder, der es will, einen Auftritt unter seinesgleichen. Aber in den eigenen vier Wänden kann man sich weitgehend nach dem persönlichen Geschmack einrichten. Doch auch hier sind die Farbentscheidungen sehr zeitbedingt. Das betrifft alle Bereiche, vom Bad bis zur Bettwäsche, vom Teppichboden bis zur Tapete. Wer sich zeitgemäß eingerichtet hat, muß eines Tages (oder die andern tun das) feststellen, daß die ganze Einrichtung den Geschmack vergangener Zeiten verkörpert.

Die Wände der 50er Jahre waren alle farbig, und zwar in unterschiedlichen, meist aufgehellten Farben. Danach kamen die 60er Jahre mit farbigen geometrischen Mustern, die sich über Wände, Teppiche und Möbel erstreckten. Die Küchen waren alle farbig, sogar die Toiletten-Einrichtungen. Heute will man das alles nicht mehr wahrhaben und sieht sich gezwungen, sich entweder ständig entschuldigen zu müssen oder sich neu einzurichten.

P A R E N T S : D U R I

1.
Ask your child to **lead** you to works of art. What is she/he looking at? Enjoying?

2.
Talk! Museums are social places, so talk to each other. No need to whisper! Speak with the other families in the museum. Chances are, they will be curious to know your thoughts about the works of art.

3.
Share your thoughts with your child. "I love the feeling of this sculpture… the way it glows. How do you suppose the artist made it glow?"

4.
Imagine with your child. "What if the portrait was of someone who lived next door? What would it look like? What materials could we use?"

5.
Move around the galleries or rooms within the museum. Look at an art work up close and from across the room. Compare an art work with the others in the exhibition. What do you notice?

6.
Be **comfortable** in the galleries. **Sit** on the floor or borrow a stool from the Information Center.

7.
Help your child **think**. Connect the experience to something in your child's life. "Remember how the sky looked and the air felt during the rainstorm last week?"

8.
Praise your child. Use phrases such as "Your answer helped me see something in this painting…"

9.
Your **mood** will affect your child, so focus on the visit and your child.

10.
Some days are better than others. If things don't work out, try the museum's **other building**. Or, try it another day.

11.
Read the information about each work of art in this

C H I L

1.
Choose works of art that interest you.

2.
Talk to your parents about what you see.

3.
Help your parents really look at works of art. You'll see things that your parents won't.

HERE'S WHAT

Die Westküste grüßt

Branchenstandards

Farben zur Orientierung

In den Regalen eines Supermarktes kann man verschiedene Produktgruppen allein schon an der generellen Farbgebung der Verpackung unterscheiden. Wasch- und Putzmittel belegen den Bereich Weiß bis Blaugrün (= Suggestion von Sauberkeit), bei Kosmetika gibt es deutliche Unterschiede zwischen den Produkten für Damen und Herren.

Farblose Produkte

Die ›Visuals‹

In vielen Fällen haben Produkte keine Eigenfarbe: z. B. Benzin, Mineralwasser, Milch. Zum Markenartikel werden sie erst durch die Aufmachung, die ›Visuals‹.

Andere Waren haben zwar eine Farbe, aber – wie beim Bier – lassen sich die Sorten nicht am Aussehen unterscheiden.

In solchen Fällen kann ein Interessenskonflikt entstehen, denn einerseits muß die grafische Gestaltung branchenkonform sein, andererseits soll sie sich von Konkurrenzprodukten unterscheiden.

Gewohnheiten, Assoziationen und …

Wie frei sind wir?

Reaktionen und Entscheidungen im Bereich der Farbe sind in den meisten Fällen nicht eindeutig zu analysieren. Vielmehr sind sie das Ergebnis von recht unterschiedlichen Auslösefaktoren wie Tradition und Erziehung, Gruppenzugehörigkeit und Anpassung, persönlicher Entwicklung, von Leitbildern oder auch deren Ablehnung geprägt.

Jeder meint, eine individuelle, eigene Vorliebe für bestimmte Farben zu haben. Aber an vielen Wänden hängen dann doch die gleichen Gemälde-Reproduktionen.

> Der persönliche Geschmack ist vielfach gar nicht so persönlich.

Typologie des Farbengeschmacks

Das Naturtalent:
Weiß instinktiv, was richtig ist.

Der Colorphile:
Hat Farben gern und wählt sie bewußt aus.

Der Paradiesvogel:
Benutzt Farben als Mittel, um aufzufallen.

Der Numero-Sicher-Geher:
Bleibt beim guten Alten und läßt sich nur zögernd beeinflussen.

Der Farbenmuffel:
Geht aus Unsicherheit Farbentscheidungen möglichst aus dem Weg.

Der Ignorant:
Kümmert sich einfach nicht um Farben.

Der Fettnäpfchentreter:
Greift mit Sicherheit daneben.

Color-Predictions für 1992, Color-Association of the USA, Inc. (1991)

Larsen Yellow

Alaska Green

Beijing Blue

Douglas Red

Jaffa Sun

Baltic Blue

Khartoum Kaki

Spanish Rose

Color-Predictions für 1992, Color Marketing Group of the USA, Inc. (1991)

Shadow Taupe

Crispy Aqua

Indian Rust

Sherbet Cream

Sorcerer

Mosstone

Panzy

Confetti Pink

Farbtechnologien

Theorie und Praxis

Die Mischgesetze werden in der Technik konsequent zur Erzeugung von Farbbildern eingesetzt. Ganz selbstverständlich sind für uns heute bunte Illustrierte, Farbfotos, Farbfernsehgeräte und neuerdings auch Farbkopierer. Alle Techniken gehen auf die beiden Mischgesetze zurück:

1. Bei der additiven Farbmischung der Lichtfarben werden alle Farben aus den Primärfarben Rot, Grün und Blau (RGB) gemischt.
2. Bei der subtraktiven Mischung der Körperfarben werden alle Farben aus den drei Primärfarben Gelb, Magenta und Cyan gemischt.

Bei vielen Verfahren wird noch das Gesetz der optischen Mischung ausgenutzt, bei dem die Mischung der kleinen Elemente erst im Auge erfolgt.

Die Reproduktions- und Drucktechniken sind heute in hohem Maße verfeinert und abgesichert. Man muß sich jedoch dabei stets bewußt sein, daß eine Reproduktion, in welcher Technik auch immer sie erzeugt wurde, eine eigenes, neues Produkt ist.

Die additiven Techniken

Wie kommen die Farben in das Fernsehgerät?

Hierbei werden alle drei Mischgesetze angewendet:

subtraktiv

1. Eine Farbvorlage wird durch drei Filter in die roten, grünen und blauen Anteile zerlegt. Die Filter sind in der jeweiligen Komplementärfarbe gehalten (Cyan für den Rotauszug, Magenta für den Grünauszug, Gelb

für den Blauauszug) und arbeiten nach der subtraktiven Farbenmischung, d. h., daß die Komplementärfarbe ›ausgezogen‹ wird.

2. Im Empfangsgerät werden die nach den drei Primärfarben der additiven Farbenmischung getrennten Signale in der jeweiligen Intensität in leuchtend rote, grüne und blaue Punkte umgewandelt.

additiv

3. In ausreichender Entfernung werden die einzelnen farbigen Punkte nicht mehr als getrennte Elemente erkannt, sondern im Auge gemischt (= optische Mischung). Dabei werden die drei Rezeptoren für Rot, Grün und Blau in der jeweiligen eintreffenden Stärke gereizt.

optisch

Verschiedene Fernseh- und Videosysteme

Elektronische Farben

NTSC, 1953, in USA entwickelt

SECAM, 1958, in Frankreich entwickelt

PAL, 1961, in Deutschland entwickelt

Die Systeme sind bis jetzt nur mit großem Aufwand kompatibel.

RGB im Graphic-Computer

In einem für Farben eingerichteten Computer werden die erreichbaren Farben in einem Farbmenu auf dem Monitor gezeigt. Für jede Farbe werden die Anteile von Rot, Grün und Blau in Zahlenwerten angegeben und können damit abgerufen werden.

Prinzip des Farbaufbaus beim PAL-Fernsehsystem

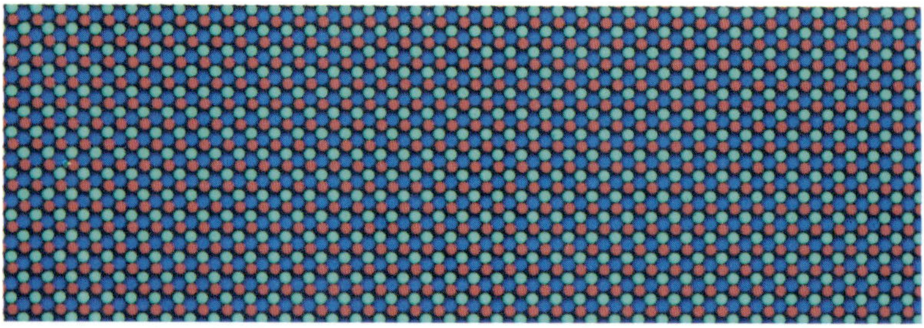

Rot + Grün + Blau = Weiß

Rot + Grün = Gelb

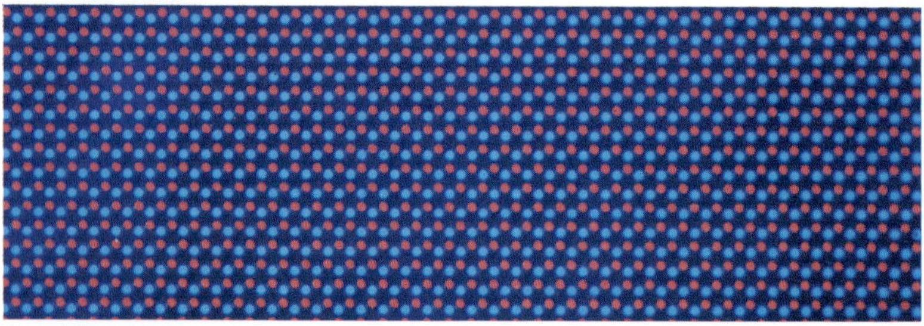

Rot + Blau = Magenta

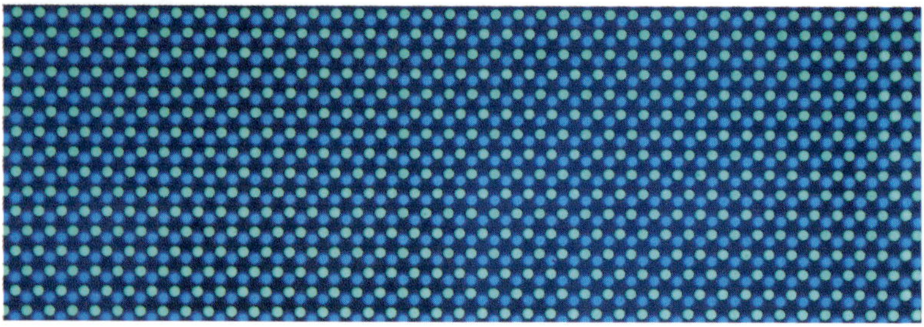

Grün + Blau = Cyan

Abrufbare Illustrationsmittel einer Paintbox

Tempera

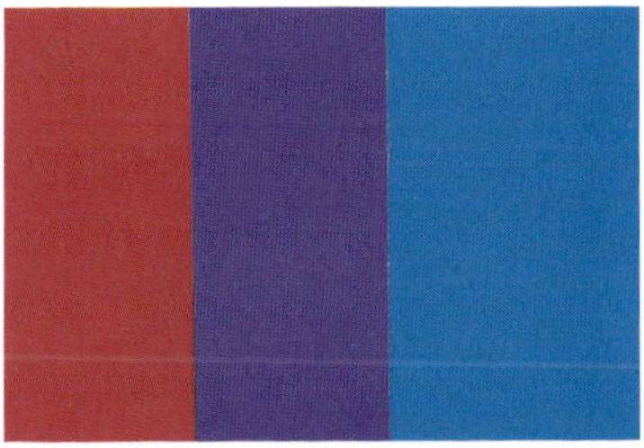

Mixing

Water-Color

Airbrush

Shading

Blending

Blurring

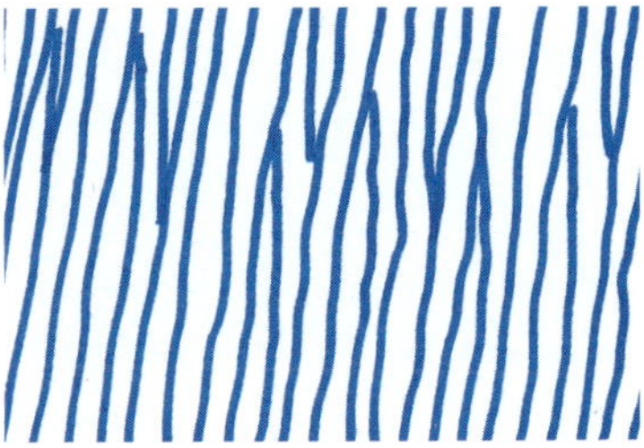

Textures

Die subtraktiven Techniken

Nochmals farbige Punkte

3 Farben + Schwarz (+ Weiß)

Der Skalendruck wird (seit über hundert Jahren) für die Farbwiedergabe eingesetzt. Dabei ist die Entwicklung noch immer nicht abgeschlossen.

Da es sich bei Druckfarben um Körperfarben und damit um subtraktive Farbmischungen handelt, werden die drei Primärfarben Gelb, Magenta und Cyan verwendet. Die hochtransparenten Farben legen sich wie dünne Farbfolien übereinander und mischen sich dabei. Beim üblichen Vierfarbendruck wird Schwarz, das man in den meisten Fällen ohnehin benötigt, zur Verstärkung der Konturen und der Tiefe eingesetzt. Mit im Spiel ist das Papierweiß. Durch unterschiedlich große Punkte werden die Farbabstufungen erreicht. Die Punkte sind so klein, daß sie bei normaler Betrachtung vom Auge nicht mehr getrennt gesehen werden.

Nochmals optische Mischungen

Die Anzahl der Punkte wird auf eine Länge von einem Zentimeter gemessen, das ist der Rasterwert. Eine ausreichende Abstufung bekommt man (auch abhängig von der Papierqualität) ab einem 48er Raster, doch sind 60er bis 80er Raster vorzuziehen. Durch den Einsatz von elektronischen Scannern kann man bis zum 154er Raster vordringen, der einem Fotoabzug nahekommt (das bedeutet: 1 cm^2 = 154 × 154 = 23716 Punkte je Farbe, also × 4 = 94864 mögliche Punkte). Da hierbei bis zu 340 Prozent an Farbflächen übereinanderkommen können, versucht man, durch eine digitale Kontrolle alle Farben je nach Motiv aus zwei bunten Farben plus Schwarz aufzubauen.

Da im Vierfarbendruck nicht in allen Bereichen – etwa bei Orange bis Rot – reine und vollbunte Mischungen erreicht werden können, werden in Fällen, wo höchste Bildqualität erwartet und auch bezahlt wird, zu den drei Primärfarben (Gelb, Magenta, Cyan) zusätzlich weitere Farben hinzugezogen, bis hin zu den drei Sekundärfarben (Rot, Grün, Cyan) plus Schwarz, also sieben Farben. Zum Vergleich: die Chromolithographien vor hundert Jahren wurden mit zwölf Farben und Gold oder Silber gedruckt.

Keine Illustrierte ohne Farben

Für Bildreproduktionen kommt neben dem sehr vielseitigen Offsetdruck auch der Tiefdruck in Frage. Hier werden die Skalenfarben nicht als kleine Rasterpunkte gedruckt, sondern liegen in unterschiedlicher Schichtdicke übereinander, was zu ganz ähnlichen Ergebnissen führt. Diese Technik wird für Großauflagen von Illustrierten und Katalogen angewendet.

Die Urlaubsfotos sind farbig geworden

Die überwiegende Menge der Fotografien, besonders im Amateurbereich, ist heute farbig. Für die Farbfotografie gibt es drei unterschiedliche Verfahren, die man bereits vor der Aufnahme auswählt:

Mallorca schwarzweiß?

1. Der Umkehrfilm (bei der Entwicklung entsteht direkt ein Diapositiv).
2. Der Negativfilm (bei der Entwicklung entsteht zunächst ein Farbnegativ, bei dem alle Farben als Komplementärfarben zu sehen sind. Bei einer nochmaligen Belichtung und Entwicklung werden die Farben zu einem Farbpositiv umgewandelt).
3. Das positive Sofortbild.

Alle Verfahren arbeiten nach dem Prinzip der subtraktiven Farbenmischung. Dabei werden nach der Entwicklung drei Teilbilder in Schichten der Farben Gelb, Magenta und Cyan übereinandergelegt.

Elektronische Medien

Bits, Bites und Pixels

Farbkopierer und Laserprinter, die sich in kurzer Zeit durchgesetzt haben, sind ebenfalls auf dem Prinzip der subtraktiven Farbenmischung aufgebaut, arbeiten also mit den Primärfarben Gelb, Magenta und Cyan.

Teststreifen für das Fernsehbild

Daß hier dieselben Farben auftreten, beruht auf den sich gegenseitig ergänzenden Systemen der additiven Farbenmischung beim Fernsehbild und der subtraktiven Farbenmischung beim Skalendruck mit den jeweiligen Primär- und Sekundärfarben.

Teststreifen für den Skalendruck

Vierfarbendruck (Gelb, Magenta, Cyan und Schwarz; zehnfache Vergrößerung)

Wie entwirft man Farben?

Mit Schere und Klebstoff

Der Grafik-Designer verfügt über Entwurfshilfen, die ihm die eigene Entscheidung erleichtern und die Layouts für das spätere Druckbild simulieren (und bei einigen Systemen noch Angaben für Repro und Druck mitliefern).

Es waren Druckfarbenfabriken, die als erste dem Designer mit Farbbogen und Entwurfsfächern unter die Arme griffen. Die Farben beziehen sich auf das eigene Sortiment und gewährleisten dadurch einen farbgetreuen Druck. Die einzelnen Farben lassen sich mit Kennziffern eindeutig definieren, sie sind auf diese Weise ›durchtelefonierbar‹.

HKS® für Entwurf und Druck

Wie gedruckt

Beim HKS-System haben sich zwei Druckfarbenhersteller und ein Künstler- und Entwurfsfarbenhersteller für ein gemeinsames System zusammengeschlossen: Hostmann-Steinberg, K+E, Schmincke = HKS. Es umfaßt ca. 90 Farben, die immer wieder erweitert werden. Durch 1:1-Mischungen bzw. Übereinanderdruck und durch Aufrasterungen lassen sich viele weitere Farben exakt ermitteln und kennzeichnen. Das HKS-System beruht auf dem Prinzip der Übereinstimmung von Entwurfsbogen, Temperafarben, Folien, Gouachefarben und Scribblern mit den Druckfarben derselben Kennung. Dabei werden auch Unterschiede verschiedener Bedruckstoffe berücksichtigt.

Pantone®

Umfangreicher ist das Pantone-System mit ca. 100 Farben (plus je drei Aufhellungen mit je drei Trübungen nach Schwarz). Die Vorlagen sind als Papierbogen oder als Folie erhältlich. Die farbgetreue Wiedergabe im Druck ist jedoch nicht von vornherein gewährleistet.

Für das Pantone-System wie für das HKS-System gibt es Umrechnungstabellen für den Bildschirmaufbau mit Rot, Grün und Blau (Lichtfarben) und für den Skalendruck mit Gelb, Magenta, Cyan und Schwarz.

Kaum Entwurfsbogen im Skalendruck

Die vernachlässigten Nuancen

Aus Farbwertetafeln kann man Tonflächen auswählen und mit den Rasterwerten der drei Skalenfarben definieren. Aber für den Entwurf gibt es nur wenige Papiere. Besonders in hellen Bereichen, die gerade für Fonds interessant sind, ist kaum ein Angebot verfügbar. Für wichtige Präsentationen, bei denen es wie z. B. bei einer Packung auf Nuancen ankommt, bleibt nur die Möglichkeit eines Andrucks.

Verlaufsbogen

Für eine begrenzte Anzahl von Farben gibt es Farbverläufe von 100 bis 0 Prozent in verschiedenen Formaten. Sie können als Fotohintergrund oder als Fond für grafische Entwürfe eingesetzt werden und sind perfekter, als man sie selbst herstellen kann. Verläufe zwischen zwei bunten Farben oder von einer bunten Farbe nach Schwarz sind ein nächster Schritt.

Farbumsetzungen

Strichvorlagen wie Zeichnungen oder Satzabzüge lassen sich in unterschiedlichen Farben durch einfach zu bedienende Verfahren wie ›Omnichrom‹ oder ›Color-Key‹ darstellen, was für ein Rein-Layout unverzichtbar sein kann. Je nach verfügbarer Hardware ist hier die Nahtstelle zum Farbkopierer oder für elektronische Verfahren.

> Die Gefahr ist, daß es die Designer bei den verfügbaren Farben auch belassen.

Das HKS-System:
Farbtongleichheit von Entwurfsmaterial und Druckbild

Das Pantone-System:
Der gesättigte Farbton (Mittelstreifen) wird auch in je drei Modulationsstufen nach Weiß und nach ▷
Schwarz angeboten. Für den Skalendruck gibt es Umrechnungstabellen.

PANTONE 304 PANTONE 304 PANTONE 304 PANTONE 304 PANTONE 304 PANTONE 304

PANTONE 305 PANTONE 305 PANTONE 305 PANTONE 305 PANTONE 305 PANTONE 305

PANTONE 306 PANTONE 306 PANTONE 306 PANTONE 306 PANTONE 306 PANTONE 306

PANTONE PROCESS BLUE PANTONE PROCESS BLUE PANTONE PROCESS BLUE PANTONE PROCESS BLUE PANTONE PROCESS BLUE PANTONE PROCESS BLUE

PANTONE 307 PANTONE 307 PANTONE 307 PANTONE 307 PANTONE 307 PANTONE 307

PANTONE 308 PANTONE 308 PANTONE 308 PANTONE 308 PANTONE 308 PANTONE 308

PANTONE 309 PANTONE 309 PANTONE 309 PANTONE 309 PANTONE 309 PANTONE 309

Elektronisch malen

DTP u. a.

Die Verfahren für das Entwerfen am Bildschirm laufen unter verschiedenen Bezeichnungen (Desk Top Publishing, Paintbox, Page Maker, Computer Aided Design = CAD). Der Phantasie sind kaum mehr Grenzen gesetzt, und der Zeitgewinn kann enorm sein, unter anderem durch den Wegfall von Zulieferarbeiten. Die Grenzen sind lediglich durch die verfügbaren Einrichtungen an Hardware und Software gesetzt. Und ständig geht die Entwicklung weiter, so daß jede Einrichtung schon bei der Lieferung überholt sein kann.

Generierte Farben

Immer wieder: RGB

Durch Eingaben von Farbwerten (RGB) können Farben sozusagen ›per Knopfdruck‹ erzeugt und am Monitor beobachtet werden. Genauso schnell lassen sie sich beliebig verändern, bis man mit dem Bild einverstanden ist.

Das Ergebnis kann gespeichert oder ausgedruckt werden, es kann als reprofähiges Dia aufgebaut oder gleich in Farbauszügen an eine der Druckereien irgendwohin geleitet werden.

Die Erweiterung des grafischen Entwurfs zum bewegten Bild gehört zu den wesentlichen Fortschritten auf dem Gebiet der Elektronik. Animationen sind besonders bei der Titelgestaltung von Fernsehserien nicht mehr wegzudenken. Die gestalterische Gefahr besteht in einer unkontrollierten Nutzung der technischen Möglichkeiten – ein Kennzeichen des ausgehenden 20. Jahrhunderts überhaupt. Das mag auch damit zusammenhängen, daß die kreativen Fähigkeiten und die erforderlichen technischen und apparativen Kenntnisse kaum von einer einzelnen Person beherrscht werden.

Bildmanipulationen

Jede Bildvorlage kann in der Farbigkeit verändert, ›retuschiert‹ werden. Durch einen Scanner werden Fotografien oder Illustrationen in elektronische Impulse umgewandelt, die eine Wiedergabe am Monitor – auch als Ausschnittvergrößerung – ergeben. Farbveränderungen können für das ganze Bild oder für ausgewählte Partien vorgenommen werden, als Korrektur oder auch als Transplantation aus anderen Bereichen.

So kann eine EBV-Anlage (Elektronische Bildverarbeitung) eine Autofarbe total umwandeln oder einen Pickel im Gesicht durch eine andere Hautpartie ersetzen. In absehbarer Zeit wird die Fotografie nicht mehr aus einem chemischen Prozeß hervorgehen, sondern – wie das Video – elektronisch aufgebaut werden. Das ›Foto‹ kann dann sowohl realistisch entstehen als auch manipuliert werden, was am Ergebnis nicht mehr erkennbar ist.

Nochmals: Licht- und Körperfarben

Beide Systeme werden benötigt, und sie sind in Einklang zu bringen.

Beim Entwerfen am Bildschirm werden die Farben mit Angaben über die RGB-Bestandteile eingegeben und erzeugt, und alle Mischungen erfolgen als additive Mischung.

Für den Druck – als Laserprint oder Skalendruck – werden sie für die Primärfarben der subtraktiven Mischung umgerechnet. Dadurch sind Verschiebungen unvermeidlich, können aber durch Erfahrung von vornherein berücksichtigt werden.

> Die nächste Generation wird entscheiden, ob die Papiergrafik verschwindet oder die Elektronik nur eine zusätzliche Möglichkeit bietet.

CAD – Entwerfen am Bildschirm: Aufbau, Farbgebung und Laserprint in wenigen Minuten

Maler und ihre Farben

Zwischen Intellekt und Gefühl

Viele Maler haben sich mit dem Problem der Farbe in Zitaten und Texten auseinandergesetzt. Dabei gehen die Beobachtungen und Gedanken oftmals über die eigene Malerei hinaus und sind von grundsätzlicher Bedeutung. So war es Delacroix, der den jeweiligen Lichtverhältnissen Vorrang vor den Lokalfarben gab und damit den Impressionismus vorbereitete.

»Ich konnte dieselbe Sache vorgestern auf dem Platze von St. Sulpice beobachten, wo ein Gassenjunge auf die sonnenbeschienenen Figuren des Springbrunnens geklettert war; mattes Orange im Licht, das lebhafteste Violett in der Schattengrenze und goldige Reflexe in den Schatten, die dem Boden zugewendet waren.«

Eugène Delacroix

Einzelne Maler des Impressionismus haben sich in verschiedene Richtungen weiterentwickelt und dabei immer der Farbe den Vorrang vor der Form gegeben; daraus haben sich die verschiedenen wesentlichen Stilrichtungen des 20. Jahrhunderts ausgebildet.

»Die wahren Maler sind diejenigen, welche die Dinge nicht so malen, wie sie sind, ... sondern so, wie sie sie fühlen.«

Vincent van Gogh

»Kopieren Sie nicht zu sehr nach der Natur, ... nehmen Sie aus der Natur, indem Sie von ihr träumen, ... immer auf der Suche nach dem Absoluten.«

Paul Gauguin

»Beim Malen müssen sich Auge und Gehirn gegenseitig unterstützen, man muß an ihrer wechselseitigen Ausbildung arbeiten durch logische Entwicklung von Farbeindrücken.«

Paul Signac

»Für den Maler sind nur die Farben wahr. Ein Bild stellt nichts dar, soll zunächst nichts darstellen als Farben.«

Paul Cézanne

Schule der Abstrakten

In Deutschland war es Adolf Hoelzel, der als Lehrer an der Stuttgarter Kunstakademie viele Maler wie Baumeister, Schlemmer und Ackermann an die abstrakte Malerei herangeführt hat. Dabei legte er die Betonung auf den gefühls- und stimmungsvollen Einsatz der Farbe und auf eine subjektive Sichtweise.

»Die Komplementärfarben bleiben im Bild das einzig Feststehende. Alles andere ist durch simultane Vorgänge schwankend: Richtung für unser Farbenspiel im Bild.«

Adolf Hoelzel

Maximal/minimal

Nach 1910 sind es zwei Maler, die sich ganz verschieden mit der Farbe in der abstrakten Malerei auseinandersetzen: Robert Delaunay sucht die größte Farbigkeit durch den Einsatz von Kontrasten in seinen Bildern, und Piet Mondrian reduziert die Farben auf die drei Grundfarben Gelb, Rot und Blau, die zusammen mit Schwarz, Weiß und Grau heute die »Mondrianfarben« genannt werden.

»Die Totalität der Farbe: es gibt keine Bedeutung, die über den visuellen Eindruck hinausgeht.«

Robert Delaunay

»Durch Jahrhunderte hat die Malerei die Verhältnisse mit naturähnlichen Farben und Formen ausgedrückt, bis sie endlich erst in der Gegenwart zur Gestaltung der Verhältnisse selbst gelangte.«

Piet Mondrian

Maler am Bauhaus

Im Bauhaus der 20er Jahre sind so unterschiedliche Malerpersönlichkeiten wie Klee, Kandinsky, Albers und Itten zusammengetroffen. Sie haben sich in ihrem Unterricht, vor allem in der Vorlehre, intensiv mit Farbproblemen auseinandergesetzt und dazu Veröffentlichungen herausgebracht.

»Speziell *Gelb* und *Blau* tragen in sich verschiedene Spannungen – die Spannungen des Vor- und Zurücktretens.«

Wassily Kandinsky

»Bei gleicher Helligkeit und Größe etwa einer roten und einer blauen Fläche senkt sich die Waage auf der Rotseite, und das Gleichgewicht wird wieder hergestellt, wenn man zum Blau Gelb hinzufügt.«

Paul Klee

»Meine Quadrate bewegen sich vor und zurück, sie scheinen einzudringen und sich zu entfernen, zu wachsen und sich zu verkleinern.«

Josef Albers

Vergleicht man die Postulate von Malern mit ihren eigenen Bildern, so kann man oft feststellen, daß sie nicht übereinstimmen müssen. Es ist mit Sicherheit schwierig, seine eigene Tätigkeit zu analysieren und die Entscheidungen nachzuvollziehen. Deshalb gibt es eine Reihe von Malern, die jede Diskussion und Interpretation ihrer Arbeiten ablehnen. Auch das Erscheinungsbild eines Malers beim Publikum muß mit der

Realität nicht übereinstimmen. Mondrian war alles andere als ein kühler Rechner; er hat seine Bilder sehr sorgfältig komponiert und immer wieder korrigiert; und van Gogh, der stets als der emotional gestimmte Maler dargestellt wird, hat mehr über seine Malerei reflektiert als viele seiner Zeitgenossen.

Zeitgeist und Ego

Bei einigen Malern hat sich die Vorliebe für bestimmte Farbkombinationen über Jahrzehnte nicht verändert, so bei Piet Mondrian, Richard Paul Lohse und Joan Miró. Bei anderen hingegen sind einzelne Werkabschnitte gerade durch besondere Farben gekennzeichnet: so gibt es die blaue Periode bei den Bildern Picassos, und Vasarely hat in den 60er Jahren eine Zeitlang nur schwarz-weiße Bilder gemalt.

Die Farbpräferenzen von Malern können ganz unterschiedliche Entwicklungen nehmen. Einige haben die Farbigkeit immer weiter reduziert bis hin zu monochromen Bildern; dies gilt für Ad Reinhardt, Manzoni und Yves Klein, während andere wie Heinz Mack, Getulio Alviani und Bridget Riley sich erst spät mit Farben beschäftigt haben.

Parallel zu den persönlichen Wandlungen verläuft der Pendelschlag der Farbigkeit bei den sich wechselnden Stilrichtungen (die durchaus auch gleichzeitig bestehen können).

Nur die Motive bleiben gleich

In der gegenständlichen Malerei sind es ganz besonders die Farben, die typisch für einen Ismus sind. Das kann man vom Impressionismus über den Kubismus zum Expressionismus, der Neuen Sachlichkeit, der Pop Art, dem Foto-Realismus und schließlich bis zu den Neuen Wilden verfolgen. Ähnliches läßt sich in der abstrakten Malerei auch ablesen. Auf die Op Art mit einem Maximum an Farbigkeit folgen völlig unbunte Bilder der Monochromen und die großen Farbflächen der Hard-edge-Maler.

Während einige Maler wie Albers nur unvermischte Tubenfarben direkt auftragen, bauen andere wie Calderara die Farben in vielen Lasuren übereinander.

Die Entwicklung ist natürlich auch heute nicht abgeschlossen, und wir können neugierig sein auf die 90er Jahre.

Abbildungsnachweis

Robert Delaunay, Kreisformen, Sonne Nr. 1, 1912/13. Öl auf Leinwand, 100 × 81 cm. Wilhelm-Hack-Museum, Ludwigshafen. © VG BILD-KUNST, Bonn 1991 S. 29

Albrecht Dürer, Drahtziehermühle, Ausschnitt, 1489/90. Aquarell und Deckfarben auf Papier, 28,6 × 42,6 cm. Staatliche Museen Preußischer Kulturbesitz, Kupferstichkabinett, Berlin S. 68

Edward Hopper, Second-Story Sunlight (Oberlicht), Ausschnitt, 1960. Öl auf Leinwand, 101,6 × 127 cm. Whitney Museum of American Art, New York. Erwerbung und Geschenk der Freunde des Whitney Museum of American Art S. 104

Edward Hopper, Sun in an Empty Room (Sonne in einem leeren Zimmer), Ausschnitt, 1963. Öl auf Leinwand, 72,5 × 101,6 cm. Sammlung Mr. und Mrs. David Workman, New York S. 105

Peder Severin Krøyer, Rosen. Gartenpartie aus Skagen mit der Frau des Künstlers, Ausschnitt, 1893. Öl auf Leinwand, 68 × 76 cm. Privatbesitz S. 33

Fotonachweis

›American Pieced Quilts‹, Katalog, Editions de Massons, Lausanne S. 109
Heiko Becker (CAD-Realisation), Darmstadt und Helmut Bartl, Darmstadt (Fotografie) S. 76, 77, 84, 85, 116, 117
BTS Broadcast Television Systems GmbH, Darmstadt S. 12 o. und M.
Stefan Buss, Darmstadt (Fotografie) S. 99, 113
›DIN 6164. – 1001 Farbmuster‹, Beuth Verlag, Berlin S. 60
Jim Van Eimeren, Huntington Beach (USA) S. 192, 193
›Farbe‹, Dokumentationsreihe des DLW-Studios, Bietigheim S. 168
Grhard Herd, Darmstadt S. 48, 49
Hans Gekeler für K+E® Druckfarben, Stuttgart S. 59, 150, 151, 185, 189
K+E® Druckfarben, Stuttgart S. 188
›Letraset Deutschland GmbH‹ (Katalog), Frankfurt/Main S. 189
Museum of Contemporary Art, Los Angeles (USA) S. 172
›Pflanzenfarbenatlas‹, Musterschmidt-Verlag, Göttingen S. 61
Christine Schäfer, Darmstadt S. 72, 73
Andreas Schmidt, Darmstadt S. 140, 141
Stillings ›Pseudo-Isochromatische Tafeln zur Prüfung des Farbensinnes‹, Georg Thieme, Leipzig S. 96

Alle übrigen Abbildungen sind Arbeiten des Autors oder entstammen dessen Archiv.

Peter Strieder:

Dürer

400 Seiten, Format 24,5 x 32,5 cm,
gebunden mit Schutzumschlag,
durchgehend farbig bebildert
Best.-Nr. 292 300
Sonderausgabe DM 49,80

Doris und Frank Brenner:

Das große Testbuch der Allgemeinbildung

304 Seiten, Format 14,5 x 21,5 cm,
gebunden
Best.-Nr. 237 008
Sonderausgabe DM 19,80

Göran Grimvall:

Warum funkeln die Sterne?
Die geheimnisvollen Naturphänomene verständlich erklärt

179 Seiten, Format 15,0 x 20,0 cm,
gebunden, bebildert
Best.-Nr. 307 777
Deutsche Erstausgabe DM 16,80

Nikolaus B. Enkelmann:

Mit Freude leben
Durch Persönlichkeitsbildung zu Glück und Erfolg

264 Seiten, Format 15,0 x 21,0 cm,
kartoniert
Best.-Nr. 284 083
Sonderausgabe DM 19,80

Birgit Unterharnscheidt:

Kunstwerkstatt Seide

6 Bände, insgesamt 384 Seiten,
Format 22,5 x 22,5 cm,
kartoniert, durchgehend farbig bebildert
Best.-Nr. 283 366
Sonderausgabe komplett DM 29,80

Horst Siewert:

Teste Deine Intelligenz

158 Seiten, Format 14,5 x 21,5 cm,
gebunden
Best.-Nr. 285 072
Sonderausgabe DM 15,–

Arnold Eysenck Heili:

Lexikon der Psychologie

3 Bände, insgesamt 2611 Seiten, Format 13,0 x 21,0 cm,
gebunden
Best.-Nr. 284 646
Sonderausgabe komplett DM 29,95

Dr. Stefan Rutkowsky:

Der neue Hausjurist

935 Seiten, Format 16,2 x 23,8 cm,
gebunden
Best.-Nr. 266 866
Aktualisierte Neuausgabe DM 25,–